Dalvinder Singh Grewal
Yogesh Chhabra

Nanoestruturas revestidas com corante para células solares de elevada eficiência

Dalvinder Singh Grewal
Yogesh Chhabra

Nanoestruturas revestidas com corante para células solares de elevada eficiência

ScienciaScripts

Imprint
Any brand names and product names mentioned in this book are subject to trademark, brand or patent protection and are trademarks or registered trademarks of their respective holders. The use of brand names, product names, common names, trade names, product descriptions etc. even without a particular marking in this work is in no way to be construed to mean that such names may be regarded as unrestricted in respect of trademark and brand protection legislation and could thus be used by anyone.

Cover image: www.ingimage.com

This book is a translation from the original published under ISBN 978-3-330-65244-6.

Publisher:
Sciencia Scripts
is a trademark of
Dodo Books Indian Ocean Ltd. and OmniScriptum S.R.L publishing group

120 High Road, East Finchley, London, N2 9ED, United Kingdom
Str. Armeneasca 28/1, office 1, Chisinau MD-2012, Republic of Moldova, Europe
Managing Directors: Ieva Konstantinova, Victoria Ursu
info@omniscriptum.com

Printed at: see last page
ISBN: 978-620-8-38565-1

Agradecimentos

Os autores deste livro estão profundamente gratos à Desh Bhagat University, Mandi Gobindgarh e à Punjab Guru Nanak Dev University Sri Amritsar por nos terem proporcionado as plataformas e os laboratórios necessários para a realização do nosso trabalho de investigação. Parwinder Singh da GNDU e ao Dr. Sudhakar Pandey Ex IIT Roorki, que nos ajudaram através de uma assistência muito frutuosa ao longo do trabalho de investigação. Estamos também gratos aos nossos amigos próximos por terem dado sugestões valiosas no fabrico de células solares DSSC e nos estudos de caraterização. Estamos muito gratos à editora Scholars Press Saarbrücken, Alemanha, que colocou o material de investigação no domínio público através de uma excelente impressão.

Dr. Yogesh Kumar ChhabraProf. Dr. Dalvinder Singh Grewal

ÍNDICE DE CONTEÚDOS

Capítulo I

Introdução

1.1 Combustíveis fósseis

Atualmente, os combustíveis fósseis são a principal fonte de energia da Terra. Estes tipos de combustíveis não são amigos do ambiente e a disponibilidade de combustíveis fósseis é limitada, pelo que outros recursos energéticos têm um papel muito importante a desempenhar. Uma vez que os combustíveis fósseis estão a esgotar-se de dia para dia, temos de recorrer cada vez mais a fontes alternativas. Estas fontes de energia estão a ser amplamente utilizadas de tal forma que as suas reservas conhecidas se esgotaram em grande medida. O fornecimento de energia limpa é o maior desafio do século XXI. Durante muitos milhares de anos, os seres humanos utilizaram exclusivamente fontes de energia renováveis.

A energia solar é a principal fonte da maioria das formas de energia existentes na Terra. A energia solar é uma fonte de energia limpa, rica e renovável. A energia solar tem um potencial notável para beneficiar o nosso mundo, diversificando o nosso aprovisionamento energético, reduzindo a nossa dependência dos combustíveis importados e melhorando a qualidade do ar que respiramos.

A humanidade utiliza fontes de energia renováveis desde há 300 anos. A madeira era utilizada para aquecimento, os animais eram utilizados para transporte e o vento e a água forneciam energia mecânica. Durante o século XIX, a revolução industrial aumentou exponencialmente a procura de energia. O carvão era a principal fonte de energia. No início do século XX, o petróleo, o gás natural e, mais tarde, a energia nuclear foram utilizados como fontes principais para satisfazer a procura crescente. Atualmente, as energias fósseis cobrem 95% da procura total de energia em todo o mundo. Os principais inconvenientes da energia produzida a partir de combustíveis fósseis são os seguintes: - redução drástica dos combustíveis fósseis. Durante os últimos milhares de anos, a concentração atmosférica de CO_2 tem-se situado entre 200 e 300 ppm [1].

As emissões antropogénicas de CO_2 resultantes de 50 anos de combustão de combustíveis fósseis aumentaram a concentração para mais de 380 ppm. Estima-se que as concentrações de CO_2 atingirão mais do dobro dos valores pré-antropogénicos durante o século XXI [2]. Este elevado valor de CO_2 na atmosfera leva a um aumento da temperatura média da superfície terrestre de 3-5°C. Esta previsão baseia-se nas alterações climáticas naturais registadas no passado, analisando os antigos ciclos glaciares (que remontam a milhões de anos) [1]. Os cientistas do clima prevêem precipitações e secas extremas e um aumento da intensidade dos furacões devido ao aumento das temperaturas. Uma subida substancial do nível do mar pode ser prevista com maior precisão, uma vez que os documentos históricos sobre o clima mostram uma correlação clara entre as concentrações de CO_2 e o nível do mar [1]. Os países recentemente industrializados devem limitar o aumento das emissões de CO_2. Devem ser criadas fontes de energia alternativas ao carvão, ao petróleo e ao gás, tais como a energia eólica, a energia hídrica, a biomassa ou a energia solar. A Figura 1.1 mostra as fontes de energia não renováveis e renováveis. O sol fornece ao nosso planeta cerca de 10.000 vezes mais energia do que o nosso consumo diário global. A energia solar pode ser convertida em eletricidade ou utilizada diretamente para aquecimento. Os dispositivos que convertem a energia solar em eletricidade são designados por dispositivos fotovoltaicos, frequentemente abreviados como PV, e a conversão é isenta de poluentes.

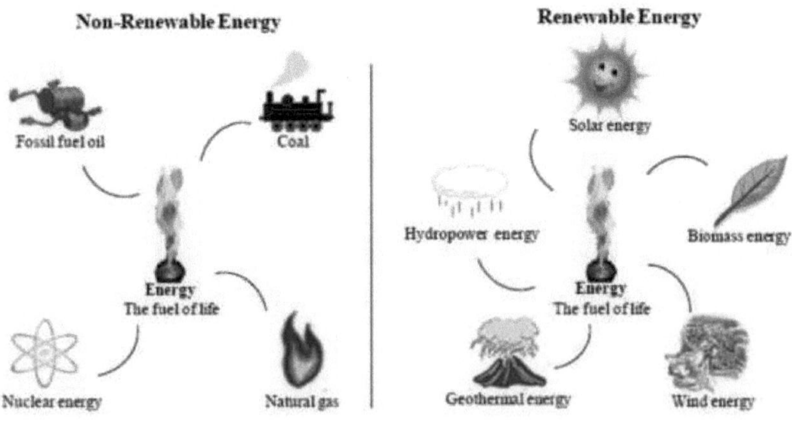

Fig. 1.1 Alguns recursos energéticos não renováveis e renováveis

1.2 Energia solar

A energia solar é a energia derivada do sol sob a forma de radiação solar. As aplicações solares incluem o aquecimento e o arrefecimento de espaços através da arquitetura solar, a iluminação diurna, a água quente solar, a cozinha solar e o calor de processo a alta temperatura para fins industriais. As tecnologias solares são designadas por solar passiva ou solar ativa. Depende da forma como captamos, convertemos e distribuímos a energia solar. As técnicas solares activas utilizam painéis fotovoltaicos e colectores solares térmicos para explorar a energia. As técnicas solares passivas incluem a orientação de um edifício para o sol e a seleção de materiais com massa térmica ou luz favoráveis.

1.2.1 Vantagens da energia solar

1. A produção de eletricidade solar tem a maior densidade de potência (média global de 170 W/m2) entre todas as fontes de energia renováveis.
2. A energia solar é isenta de poluição. Os resíduos finais da produção e as emissões podem ser geridos através do controlo da poluição existente.
3. A produção de eletricidade solar é economicamente superior onde a ligação à rede de transporte de combustível é difícil e dispendiosa.
4. Quando ligada à rede, a produção de eletricidade solar pode reduzir a carga da rede.
5. A eletricidade solar ligada à rede pode ser utilizada localmente, reduzindo assim as perdas de transmissão/distribuição.
6. Os custos de funcionamento das centrais de energia solar são baixos em comparação com as tecnologias de energia existentes.

1.3 Célula solar

Uma célula solar é um dispositivo que converte a energia solar em energia eléctrica através do efeito fotovoltaico (PV). A célula solar é também conhecida como célula fotovoltaica. O aparecimento de um potencial elétrico entre dois eléctrodos ligados a um sistema sólido ou líquido, após irradiação de luz, foi descoberto por Bequerel em 1839 e é desde então conhecido como efeito PV [3]. Esta descoberta serviu de base a uma variedade de conceitos para converter a radiação solar em eletricidade e abriu um novo domínio de produção de energia alternativa. Foram necessários mais de cem anos após a descoberta de Bequerel para desenvolver a primeira célula solar de estado sólido, em 1954, por Chapin, Fuller e Pearson, com uma eficiência de 6% [4].

Utilizaram uma junção p-n de silício (Si) difuso. Até à data, as eficiências comuns de conversão de energia solar deste tipo de célula solar são superiores a 15% [5].

O mercado fotovoltaico registou um crescimento exponencial nos últimos anos. São necessários avanços na investigação e desenvolvimento de novas células fotovoltaicas para aumentar a eficiência da conversão da luz em energia eléctrica e reduzir os preços.

As células solares são normalmente classificadas da seguinte forma

1. Células solares de primeira geração,
2. Células solares de segunda geração,
3. Células solares de terceira geração e
4. Células solares de quarta geração

1.3.3 Primeira geração

A classificação depende da tecnologia. Os conversores fotovoltaicos mais comuns são as células Si de junção p-n monocristalinas ou multicristalinas, com uma quota de mercado de cerca de 85%, e são as chamadas células solares de primeira geração. As células solares de primeira geração são constituídas por uma grande área. São normalmente fabricadas por processo de difusão com bolachas de Si. O custo depende dos requisitos de elevada pureza dos cristais de Si, da temperatura elevada e da grande quantidade de material.

Vantagens

1. Ampla gama de absorção espetral
2. Elevadas capacidades de transporte
3.

Desvantagens

1. Requer tecnologias de fabrico dispendiosas
2. É bastante fácil para um eletrão gerado noutra molécula atingir um buraco deixado por uma foto-excitação anterior
3. Grande parte da energia dos fotões de maior energia no extremo violeta do espetro é desperdiçada como calor.

1.3.2 Segunda geração

As células solares de segunda geração baseiam-se na utilização de depósitos epitaxiais finos de semicondutores na rede de semicondutores. Os módulos fotovoltaicos de segunda geração têm atualmente uma quota de mercado de cerca de 15% e baseiam-se principalmente em CdTe. O Si atingiu a fase de comercialização e entrou no mercado fotovoltaico. O limite termodinâmico da eficiência de conversão da luz em energia eléctrica (η) de uma célula fotovoltaica de junção única (1ª ou 2ª geração) optimizada para o espetro AM 1,5 é de 32,9%. Este limite, também conhecido como limite de Shockley-Queisser [6], resulta do facto de os fotões com energias inferiores à energia de bandgap não serem absorvidos, enquanto os fotões com energias superiores à energia de bandgap libertam a energia adicional (Ephoton - Ebandgap) principalmente sob a forma de calor. Vantagens

1. O custo de fabrico é inferior
2. Menor custo por watt
3. Massa reduzida
4. É necessário menos apoio para colocar os painéis nos telhados
5. Permite a montagem de painéis em materiais leves ou flexíveis

Desvantagens

1. As eficiências das células solares de película fina são inferiores às das células solares de Si
2. O Si amorfo não é estável
3. Aumento da toxicidade

1.3.3 Terceira geração

A eficiência da conversão solar de terceira geração está acima do limite de Shockley-Queisser. Continua a utilizar película fina, método de deposição de segunda geração. Os sistemas fotovoltaicos de terceira geração incluem células de junção múltipla, também conhecidas como células tandem, células solares sensibilizadas por corantes (DSSC), também conhecidas como células Gratzel [7]. As células solares orgânicas (OSC), também conhecidas como células solares poliméricas, as células solares híbridas (orgânicas/inorgânicas) (HSC), as células solares de portadores quentes, como as células solares sensibilizadas por pontos quânticos (QDSSC) [8]. Foram registadas eficiências de conversão ligeiramente superiores a 40% para células de junção múltipla que utilizam luz solar concentrada. Os pontos quânticos (QDs) têm propriedades optoelectrónicas excepcionais [9]. O seu espetro de absorção pode ser modificado através da alteração do seu tamanho, o que os torna atractivos para aplicações fotovoltaicas [10]. Foram propostas numerosas arquitecturas para células solares baseadas em QD, incluindo células fotoelectroquímicas baseadas em nanoestruturas de banda larga sensibilizadas por QD [11], películas de QD imersas em eletrólito [12], células de estado sólido baseadas em misturas de QD/polímero [12], bem como camadas de QD (pontos quânticos) ensanduichadas entre condutores de electrões e buracos [13]. Foram também propostos dispositivos baseados em QD para realizar PVs de terceira geração e alcançar eficiências de conversão para além do limite de Shockley- Queisser. As células fotovoltaicas de junção simples baseadas em absorvedores de QDs são potenciais candidatos a blocos de construção em dispositivos de terceira geração devido à capacidade de sintonização do espetro de absorção.

Vantagens

1. Tecnologias de processamento de baixo consumo energético e elevado rendimento
2. Não são necessários aparelhos elaborados
3. Célula de Gratzel - Substituição atractiva para as tecnologias existentes em baixa densidade
4. aplicações como colectores solares de telhado
5. Célula de Gratzel - Baixo custo do material, funciona mesmo em condições de pouca luz
6. Célula de polímero - Processável por solução, sintetizada quimicamente
7. Célula de polímero - Baixo custo de material

Desvantagens

1. As eficiências são inferiores às das células solares de junção p-n baseadas em Si
2. A eficiência diminui ao longo do tempo devido aos efeitos ambientais
3. É necessário um material com um elevado intervalo de banda, pelo que menos fotões são capazes de produzir corrente

1.3.4 Quarta geração

Trata-se de uma nova geração de células solares que pode consistir numa tecnologia fotovoltaica composta, na qual polímeros com nanopartículas são misturados para formar uma única célula solar multiespectral. Em seguida, as camadas finas multiespectrais podem ser empilhadas para tornar as células solares multiespectrais mais eficientes e mais baratas. A primeira camada é aquela que converte diferentes tipos de luz. Outra camada passa a luz. A última é uma camada de espetro infravermelho para a célula, convertendo assim parte do calor para um composto global de células solares.

A nanotecnologia pode ajudar a ultrapassar as actuais barreiras de desempenho e melhorar significativamente a recolha e conversão da energia solar. Foram identificados vários fenómenos físicos à escala nanométrica que podem melhorar a captação e a conversão da energia solar. As nanopartículas e nanoestruturas têm sido utilizadas para melhorar a absorção da luz e aumentar a eficiência da conversão da luz em eletricidade. Por outro lado, as actuais demonstrações destas tecnologias ficam aquém do desempenho potencial devido ao fraco controlo da dimensão das caraterísticas, à micro/nanoestrutura imprevisível, à má formação de interfaces e, em muitos casos, à curta duração dos dispositivos de laboratório [58, 59].

1.4 Propriedades dos nanomateriais em função do tamanho Propriedades **ópticas**

O tamanho induz alterações nas propriedades ópticas das nanopartículas. O "band-gap" ótico das nanopartículas pode ser ajustado através do controlo do tamanho e da forma das partículas do material semicondutor. Os efeitos de confinamento quântico aumentam a relação superfície/volume, o que é responsável pela modificação das propriedades ópticas dos semicondutores nanocristalinos. Em nanomateriais,

(i) o intervalo de banda expande-se, o que provoca um desvio para o azul;

(ii) os níveis de energia das bandas de valência e do núcleo deslocam-se simultaneamente para uma energia de ligação mais elevada e

(iii) Ocorre uma diminuição da constante dieléctrica do material com a redução do tamanho das partículas.

1.5 Nanotecnologia para dispositivos fotovoltaicos

O principal inconveniente da tecnologia solar fotovoltaica convencional é o elevado custo das matérias-primas utilizadas nas células solares. Os fotões que possuem uma energia igual ou superior ao intervalo de banda absorvido são utilizados. Por conseguinte, o consumo eficiente da radiação solar é uma das questões mais importantes na energia fotovoltaica. Os fotões de menor energia permanecem, na sua maioria, inutilizados. Muitos investigadores têm trabalhado na utilização da nanotecnologia para ultrapassar este inconveniente da tecnologia fotovoltaica convencional. As nanopartículas têm qualidades únicas que lhes permitem ser ajustadas para absorver uma gama mais vasta de comprimentos de onda disponíveis na luz solar, contribuindo assim para a corrente de saída. A sua utilização pode também reduzir o custo de fabrico das células solares. A investigação está a utilizar os nanomateriais em diferentes formas morfológicas para a conceção de diferentes células solares. Estas células utilizam diferentes caraterísticas associadas às nanopartículas [60-63].

A principal caraterística é o intervalo de banda sintonizável. A variação do tamanho e da forma da(s) partícula(s) permite-lhes absorver a maior parte do espetro solar. Isto significa que o comprimento de onda a que absorvem (ou emitem) radiação pode ser ajustado. Quanto maior for o intervalo de banda do absorvedor, mais fotões energéticos são absorvidos e maior será a tensão de saída. Por outro lado, um intervalo de banda mais baixo resulta na absorção de mais fotões, incluindo os que se encontram na extremidade IV do espetro solar, o que resulta numa maior emissão de corrente, mas numa menor tensão de saída. Existe um intervalo de banda mais favorável que corresponde à maior conversão possível de energia solar-eléctrica. O ajuste do intervalo de banda também pode ser conseguido utilizando uma mistura de diferentes tamanhos de nanomateriais para colher a proporção máxima da luz solar incidente. Outra vantagem dos nanomateriais é o facto de poderem ser facilmente combinados com corantes naturais ou transformados em películas porosas. Na forma coloidal suspensa em solução, podem ser processados para criar junções em substratos pouco dispendiosos, como plásticos, vidro ou folhas de metal [64-68].

1.6 Célula solar sensibilizada por corante

Entre as formas alternativas de células solares, as células solares sensibilizadas por corantes (DSSC) são dispositivos solares de baixo custo que têm uma eficiência de conversão mais elevada. Pertence ao grupo das células solares de película fina. Estas células têm um grande potencial porque podem ser fabricadas com materiais de baixo custo. Ao contrário das células solares tradicionais, as células sensibilizadas por corantes podem funcionar eficazmente em condições de fraca luminosidade e são menos susceptíveis de perder energia para o calor.

As células solares nanoestruturadas sensibilizadas por corantes (DSSC) têm sido objeto de uma investigação aprofundada desde que O'Regan e Gratzel registaram uma eficiência de conversão de energia solar de 7,1% em 1991 [69]. As DSSC constituem uma opção eficiente e de baixo custo aos dispositivos fotovoltaicos de semicondutores de Si e representam um tipo específico de célula foto-eletroquímica. As vantagens das DSSC são o facto de não dependerem de métodos de processamento dispendiosos e poderem ser impressas em substratos flexíveis. Em alternativa à utilização de um semicondutor monocristalino, as DSSCs dependem de uma fina película mesoporosa (10-15 μm de espessura) de nanocristais de um óxido metálico, mais frequentemente TiO2, que é sensibilizado à luz visível com um absorvente de luz molecular. As nanopartículas sensibilizadas são combinadas com uma solução electrolítica redox ativa e um contra-elétrodo para produzir uma célula fotoelectroquímica regenerativa. No entanto, a presença de electrólitos líquidos nas DSSC tradicionais apresenta alguns problemas, como uma menor estabilidade a longo prazo e a necessidade de selagem hermética devido a fugas e evaporação do solvente orgânico [71-73].

O primeiro trabalho sobre a sensibilização de semicondutores foi relatado em 1873. Sensibilizaram as emulsões de halogeneto de prata com corantes e verificaram que a fotorresposta se estendia ao vermelho e mesmo ao infravermelho. Em 1887, Moser transpôs este conceito para o efeito fotoelétrico, utilizando o corante eritrosina em eléctrodos de halogeneto de prata. Até à década de 1960, a compreensão teórica do processo foi contestada. O processo de injeção de electrões foi comprovado por Tributsch e Gerischer com o seu trabalho sobre ZnO em 1968. Nos anos seguintes, o corante na superfície do semicondutor foi desenvolvido para melhorar a função do corante. A primeira eficiência registada foi de 7,1%. Nas publicações mais recentes, foi registada uma eficiência de cerca de 10,4% [74-76]. As DSSC realizam os processos de absorção ótica e de separação de cargas através da associação de um sensibilizador, como material absorvente de luz, com um semicondutor de largo intervalo de banda de morfologia nanocristalina [77-79]. As DSSC são uma fonte de energia alternativa promissora e espera-se que contribuam significativamente para a produção global de energia nos próximos anos. As DSSC são compostas por quatro camadas principais: (1) uma película semicondutora (normalmente TiO2 ou ZnO) de 2-20 μm de espessura, porosa, com um grande intervalo de banda, composta por nanopartículas cristalinas adjacentes umas às outras num vidro de óxido condutor transparente (TCO). A película de nanopartículas é designada por fotoanádio. (2) Uma monocamada de corante adsorvida sobre estas nanopartículas. (3) Um eletrólito condutor completo que interpenetra a rede de semicondutores nanocristalinos e (4) um contra-elétrodo que forma o cátodo. Esta disposição cria a interface semicondutor/corante/eletrólito de grande área necessária para o funcionamento da célula. O esquema da DSSC é apresentado na figura 1.2.

Fig. 1.2 Esquema de uma célula solar sensibilizada por corante

O diagrama do fluxo de energia na DSSC é apresentado na figura 1.3. Os fotões entram no DSSC através da camada superior de TCO e são absorvidos pelas moléculas de corante (D), que estão ligadas ao semicondutor de banda larga (> 3 eV). Depois de absorver os fotões, a molécula de corante passa ao estado excitado (D*). Os electrões excitados são injectados nas nanopartículas semicondutoras. Os electrões injectados passam através das nanopartículas interligadas para o substrato e são introduzidos num circuito elétrico, onde podem produzir trabalho.

Em seguida, os electrões, que agora têm menos energia, entram novamente na célula através do contra-elétrodo e são transportados para todo o meio condutor.

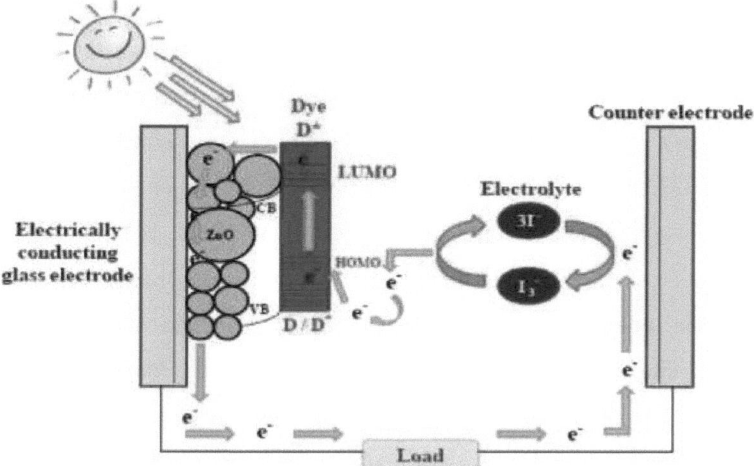

Fig. 1.3 Diagrama esquemático do fluxo de energia na célula solar sensibilizada por corante

A força motriz para o transporte de portadores através da película de nanopartículas e do eletrólito é a diferença de potencial químico criada através da célula, que se deve à acumulação de portadores na interface semicondutor/corante/eletrólito.

Na última década, os dispositivos fotovoltaicos foram fabricados utilizando materiais semicondutores convencionais, como o silício (Si) [80]. As células solares sensibilizadas por corantes (DSSC) são uma alternativa atractiva às células solares à base de Si, uma vez que podem ser baratas, portáteis, termicamente estáveis, leves e flexíveis [81-84]. Em geral, existem três componentes principais das DSSC: um semicondutor do tipo n, um sensibilizador (ou seja, um corante) e um eletrólito redox [85]. O TiO2 é um dos semicondutores do tipo n mais vulgarmente utilizados, com um intervalo de energia de 3,2 e V [86]. Devido ao seu elevado brilho, é vulgarmente utilizado como pigmento para tintas, revestimentos, papéis e plásticos. A constante dieléctrica e o índice de refração do TiO2 são muito elevados, o que o torna um excelente revestimento ótico ou dopante para materiais dieléctricos. Atualmente, o TiO2 nanoestruturado tem atraído muita atenção devido às suas vastas aplicações como material de base para células solares sensibilizadas por corantes, fotocatalisadores e sensores [87-88]. Diferentes TiO2 nanoestruturados têm sido utilizados como foto-ânodos para fabricar DSSCs, incluindo nano-hastes unidimensionais (1D), nanotubos bidimensionais (2D) e materiais tridimensionais (3D). Além disso, os nano-cristais de TiO2 são materiais não tóxicos e são normalmente utilizados em aplicações biológicas [89]. Para melhorar as propriedades químicas e físicas do TiO2, alguns aditivos ou modificadores são aplicados como revestimentos no TiO2 puro nanosizado. Estes aditivos geram sítios fotocatalíticos mais activos no TiO2 e aumentam a estabilidade térmica do TiO2 nanoestruturado através da obtenção de uma área específica elevada, da melhoria da qualidade da interface e do transporte rápido de electrões [90-91]. Estas aplicações do TiO2 nano são basicamente determinadas pelas suas propriedades físico-químicas, tais como a estrutura do cristal, o tamanho do grão, a relação superfície/volume, a porosidade e a estabilidade térmica. Para além disso, estas propriedades físico-químicas dependem das diferentes técnicas de síntese [92].

O processo Sol gel é uma das técnicas mais utilizadas para sintetizar nano partículas de TiO2. Trata-se de uma forma muito simples de sintetizar as nanopartículas à temperatura ambiente e sob pressão atmosférica. A modificação da superfície de partículas semicondutoras de TiO2 tem atraído potencial devido à aplicação destes materiais em dispositivos electrocrómicos e fotocrómicos e em células solares sensibilizadas por corantes [93-94].

No presente estudo, sintetizamos as nanopartículas de TiO2 e Zno usando síntese verde (sol gel) e os corantes extraídos de fontes vegetais naturais como espinafre e ouro casado serão revestidos nessas nanopartículas. As nanopartículas de TiO2 revestidas com corantes naturais serão objeto de estudos sobre as suas propriedades estruturais, microestruturais, composicionais e ópticas. O objetivo principal do presente estudo é sintetizar um sensibilizador de corante natural para células solares

1.7 Diferenças entre células solares de Si e células solares sensibilizadas por corantes

O transporte de carga e a absorção de luz ocorrem no mesmo material na célula solar de junção p-n. Na DSSC, estas funções são separadas. Os fotões são absorvidos pelas moléculas de corante. O transporte de carga é concedido em semicondutores e electrólitos com um grande intervalo de banda. Os dois principais métodos de separação dos portadores de carga em qualquer célula solar são a deriva e a difusão. A deriva dos portadores de carga é determinada pelo campo elétrico que atravessa o dispositivo. A difusão de portadores ocorre devido ao gradiente de potencial eletroquímico de zonas de elevada concentração de portadores para zonas de baixa concentração. Enquanto a separação de cargas nas células solares de junção p-n é induzida pelo campo elétrico que atravessa a junção, nas DSSC esse campo elétrico não existe. A separação de cargas ocorre por difusão. Nas células solares do tipo junção p-n, as cargas opostas geradas viajam dentro do mesmo material. Nas DSSC, os electrões viajam na rede nanoporosa de semicondutores com um grande intervalo de banda e os buracos viajam no eletrólito.

1.8 Desvantagens das células solares sensibilizadas por corantes

O principal inconveniente das DSSC é o facto de a sua eficiência prática ser inferior à das células solares baseadas em Si. O espetro de absorção dos corantes é bastante estreito. Este facto afecta diretamente a eficiência da célula. O corante apresenta um pico de absorção apenas num determinado comprimento de onda. Assim, nas DSSC, a totalidade do espetro visível não é absorvida pela célula. Uma pequena parte do espetro visível é absorvida. Se se quiser alargar o espetro de absorção, é necessário combinar vários corantes diferentes. Isto pode absorver uma gama mais alargada do espetro visível.

A combinação de diferentes corantes requer diferentes composições químicas numa proporção adequada para cobrir todo o espetro visível. Isto requer um grande esforço [95]. A taxa de absorção em diferentes partes do espetro visível não é a mesma. Tal deve-se aos diferentes valores dos coeficientes de absorção dos diferentes corantes. Por este motivo, a eficiência não compete com as células solares tradicionais baseadas em

Si. O ZnO possui uma elevada mobilidade de electrões, uma baixa taxa de combinação e uma boa cristalização numa abundância de nanoestruturas. A eficiência de fotoconversão das DSSC à base de ZnO é ainda limitada. A principal razão para o desempenho inferior das DSSC baseadas em ZnO deve-se à lenta injeção de electrões do corante para o ZnO. As moléculas de corante à base de Ru são constituídas por um grupo funcional carboxílico para coordenação e a solução de corante existe sobretudo em meio ácido. A estabilidade a longo prazo também é baixa no caso das DSSC e tem de ser melhorada. Os corantes nestas células sofrem degradação com o calor e a luz UV. A célula é difícil de selar.

1.9 Pontos Quânticos Semicondutores

É necessária uma maior flexibilidade do corante e os corantes são frequentemente incapazes de satisfazer estes critérios [96]. Por isso, os corantes estão a ser substituídos por QDs. Estes materiais têm propriedades electrónicas que se situam entre as dos semicondutores a granel e as das moléculas discretas [97]. Os QDs foram descobertos no início da década de 1980 por Alexei Ekimov numa matriz de vidro e por Louis E. Brus em soluções coloidais [98]. O termo "Ponto Quântico" foi cunhado por Mark Reed. Os QDs têm um diâmetro entre aproximadamente 2-10 nm. Com este tamanho, os efeitos quânticos são evidentes. Sendo o raio do nanocristal menor do que o raio de Bohr do excitão, o raio de Bohr do excitão é a distância média a que um eletrão se encontra de um buraco quando é criado um excitão. Por exemplo, no CdS, o raio de Bohr é de 2,8 nm [99]. Quando o tamanho de um nano-cristal de CdS é reduzido para menos de ~ 2,8 nm de raio, os níveis de energia deixam de ser contínuos e dividem-se em níveis de energia discretos. Este fenómeno de confinamento quântico resulta em propriedades de absorção e emissão ajustáveis ao tamanho. Este fenómeno pode ser aproveitado em muitas aplicações, tais como transístores, LED, fotodetectores, lasers de díodos, etiquetagem biológica, sensores biológicos e células solares. As propriedades sintonizáveis de tamanho induzidas pelo confinamento quântico são muito úteis em PVs. O espetro de absorção de tais QDs pode ser ajustado alterando o tamanho do QD.

Nos QDs, as caraterísticas electrónicas estão relacionadas com o tamanho e a forma do cristal individual. Quanto mais pequeno for o tamanho do cristal, maior é o intervalo entre bandas. Quanto maior for a diferença de energia entre a banda de valência mais alta e a banda de condução mais baixa, mais energia é necessária para excitar o ponto e, ao mesmo tempo, mais energia é libertada quando o cristal regressa ao seu estado fundamental. O aparecimento de QDs semicondutores abriu novas tradições para os desenvolver como uma possível alternativa aos corantes nas DSSCs. Os QDs têm muitas vantagens sobre os corantes. Apresentam uma boa estabilidade térmica em condições rigorosas. O intervalo de banda pode ser ajustado através da alteração das suas dimensões e composições. Apresentam um início de absorção acentuado, grandes coeficientes de absorção e maior absorção, um amplo espetro de absorção em contraste com os espectros de absorção estreitos exibidos pelos corantes [100], um elevado coeficiente de extinção que permite a utilização de películas mais finas do óxido mesoporoso e um baixo custo, etc. [101]. Os QDs são mais brilhantes devido ao seu elevado coeficiente de extinção. Por conseguinte, os QDSSC estão a atrair mais atenção atualmente. Os QDs são 20 vezes mais brilhantes e 100 vezes mais estáveis do que os corantes fluorescentes tradicionais [102]. Sendo de dimensão zero, os QDs têm uma densidade de estados mais acentuada do que as estruturas de dimensão superior. Os QDs podem ser capazes de aumentar a eficiência e reduzir o custo das actuais células fotovoltaicas de Si.

De acordo com uma prova experimental de 2006 [103], os QDs de seleneto de chumbo (PbS) podem produzir até sete excitões a partir de um fotão de alta energia da luz solar (7,8 vezes a energia de bandgap) [104]. A geração de mais do que um excitão por um único fotão é designada por Geração Múltipla de Excitões (MEG) ou Multiplicação de Portadores (CM). A absorção de um único fotão leva à geração de dois ou mais pares eletrão-buraco.O rendimento quântico para a geração de excitões é definido como o número médio de pares de buracos de electrões produzidos pela absorção de um único fotão. Teoricamente, os fotovoltaicos QD seriam mais baratos de fabricar, uma vez que podem ser produzidos através de reacções químicas simples [105]. Nos últimos anos, foi registado um rápido aumento da eficiência de conversão das QDSSCs. [106]. Recentemente, foram propostos vários QDs (CdSe, PbSe, CuInS2, etc.) como sensibilizadores, tendo sido desenvolvidas várias estratégias para maximizar a separação de cargas fotoinduzidas e a transferência de electrões [107-109].

As células solares sensibilizadas por corantes são consideradas células solares de baixo custo. São extremamente prometedoras porque são feitas de materiais de baixo custo e não necessitam de aparelhos de fabrico elaborados para as produzir, em comparação com outros tipos. Ao contrário das células solares tradicionais, as células sensibilizadas por corantes podem funcionar eficazmente em condições de fraca luminosidade e são menos susceptíveis de perder energia por aquecimento. Baseia-se num semicondutor formado entre um ânodo foto-sensibilizado e um eletrólito. Para aumentar a quantidade de corante adsorvido, é utilizada uma camada de TiO2 altamente porosa com uma grande área de superfície em relação ao volume. Isto aumenta as propriedades de absorção do dispositivo na região do espetro visível [54].A luz tem três propriedades únicas: absorção, reflexão e refração [55]. Os princípios de funcionamento dos dispositivos optoelectrónicos dependem principalmente destas propriedades da luz. A célula solar é um dispositivo optoelectrónico que converte a energia solar diretamente em energia eléctrica. O funcionamento da célula solar depende da absorção da luz [56-57]. Se a energia da luz incidente for inferior à energia do intervalo de bandas do material semicondutor, este não tem energia suficiente para fazer subir um eletrão através do intervalo de bandas, pelo que a luz é reflectida. O coeficiente de absorção depende do material, bem como do comprimento de onda da luz que está a ser absorvida.A alteração do tamanho das nanopartículas altera as propriedades ópticas das mesmas. O "band-gap" ótico das nanopartículas pode ser alterado através do controlo do tamanho e da forma das partículas do material semicondutor. Os efeitos de confinamento quântico, as contracções espontâneas das ligações à superfície e o aumento da relação superfície/volume são responsáveis pela alteração das propriedades ópticas dos semicondutores nanocristalinos. Nos nanomateriais, (i) o intervalo de banda expande-se, o que provoca uma deslocação para o azul; (ii) os níveis de energia das bandas de valência e do núcleo deslocam-se simultaneamente para uma energia de ligação mais elevada e (iii) ocorre uma diminuição da constante dieléctrica do material com a redução do tamanho das partículas.

Capítulo II

Pesquisa bibliográfica

Os revestimentos de TiO_2 preparados são de dois tipos, pelos métodos sol-gel e solvotérmico. Verificou-se que a eficiência de conversão de energia do TiO modificado por solvotermia$_2$ era consideravelmente mais elevada do que a do TiO modificado por sol-gel$_2$. O estudo de microscopia de força eletrostática (EFM) mostra que os electrões foram transferidos rapidamente para a superfície da película de TiO_2 modificada por solvotermia, em comparação com a película de TiO_2 modificada por sol-gel. Além disso, a análise FT-IR das películas após a adsorção do corante N719 mostrou que o TiO2 modificado por solvotermia apresentava uma banda forte a 500 cm^{-1} . Este pico era mais fraco no TiO modificado por sol-gel$_2$ foi registado por Yeji Lee et al (2010). Este estudo examinou a caraterização do dióxido de titânio estruturado nanoporoso e a sua aplicação em células solares sensibilizadas por corantes. O TEM revelou tamanhos de nanoporos de 10,0 nm. O TiO2 estruturado nanoporoso foi aplicado a DSSC. A eficiência da conversão de energia foi significativamente melhorada em comparação com a eficiência da utilização de TiO_2 de tamanho nanométrico preparado através de um método hidrotérmico. A eficiência de conversão de energia do DSSC preparado a partir de TiO estruturado nanoporoso$_2$ foi de aproximadamente 8,71% com o corante N719 sob luz simulada de 100 mW cm^{-2} . A microscopia de força eletrostática (EFM) mostrou que os electrões eram transferidos rapidamente para a superfície da película de TiO estruturado nanoporoso$_2$ por Yeji Lee et al (2010).

O TiO2 nanoestruturado tem propriedades ópticas e físicas excepcionais. Apresenta efeitos de confinamento quântico. As aplicações ligadas à energia do TiO nanoestruturado$_2$ podem ser agrupadas em quatro categorias principais: baterias de iões de lítio, células solares sensibilizadas por corantes
(DSSCs), células de combustível e supercapacitores. O TiO2 nanoestruturado com elevada cristalinidade e/ou uma estrutura porosa apresenta propriedades melhoradas de transferência de electrões ou iões. As suas propriedades ópticas únicas conduzem a um melhor desempenho fotovoltaico. Esta revisão de Zhengyang Weng et al (2013) aborda os recentes avanços científicos e tecnológicos do TiO2 nanoestruturado na perspetiva

da conversão e armazenamento de energia.

As células solares sensibilizadas por corantes à base de nanopartículas de TiO2 mostram que o eletrão do corante tem de passar através de múltiplas fronteiras em direcções aleatórias. A via de transporte de electrões através dos nanotubos reduz a taxa de recombinação. Foram fabricados nanotubos de titânia com uma camada de nanogrelha. O método utilizado foi a anodização de uma folha de titânio num eletrólito orgânico contendo fluoreto. Estes tipos de células solares sensibilizadas por corantes revelaram ter uma eficiência superior à das células fabricadas apenas com nanotubos de titânia do mesmo comprimento. Este facto pode ser atribuído a uma maior adsorção do corante nos nanotubos com nanogrelha. A eficiência é também afetada pelas condições de recozimento, como a duração e a temperatura. [110]

Esta tarefa consiste em examinar o material do contra-elétrodo de duas fontes de carbono diferentes para fabricar células solares sensibilizadas por corantes. As fontes de carbono são a bateria e a grafite de lápis. O método de preparação da célula é o habitual método Dr.Blading. Ambas as espessuras do contra-elétrodo variam em conformidade. As células solares são colocadas sob irradiação solar exterior e a produção é registada de 15 em 15 minutos. Com base no estudo, as células solares que contêm carbono proveniente de baterias apresentam uma eficiência celular mais elevada, que é de 8,6%, com um FF inferior de 0,78, em comparação com a utilização de chumbo de lápis, em que a eficiência celular é de apenas 7,24%, mas com um FF superior de 0,93[111].

O método de co-precipitação em banho de gelo foi utilizado para preparar nanopartículas de TiO2 anatase dopadas com Ni. Foram estudados os efeitos das concentrações de Ni^2 + no desempenho fotovoltaico das células solares sensibilizadas por corantes (DSSC). A difração de raios X em pó (difração de raios X) expôs uma única fase anatase presente em todas as amostras. Com a adição de Ni^2 +, o tamanho das partículas reduz-se para três vezes. Com o aumento dos iões Ni^2 +, o tamanho das nanopartículas apresenta uma melhor consistência à microscopia eletrónica de varrimento (SEM). As concentrações de Ni^2 + também aumentaram a tensão de circuito aberto (Voc) e a corrente de curto-circuito (I_{sc}). A melhor concentração possível de dopagem com Ni foi de 0,077M de Ni, o que mostra uma eficiência máxima de DSSC de 0,40%[112].

Foi explorada a célula solar sensibilizada por corantes (DSSC) composta por TiO_2 com propriedades de fotoelectrodo. O compósito de TiO2 é constituído por duas camadas de nanopartículas de TiO2 com diferentes tamanhos e espessuras. O impacto da espessura no desempenho da célula solar foi investigado. Na estrutura optimizada do fotoelectrodo compósito com nanopartículas de TiO2 de grandes dimensões como camada de dispersão da luz, foi demonstrado experimentalmente o desempenho significativamente melhorado da DSSC com um aumento de 25% da densidade de corrente e um aumento de 13,1% da eficiência de conversão[113].

Nas células solares sensibilizadas por corantes, o material utilizado para o fabrico tem um papel crucial na definição do desempenho da célula. O fabrico e a caraterização de DSSC com Ruthenizer 620-1H3TBA, também conhecido como N749 ou corante preto como sensibilizador de transferência de carga, são discutidos neste artigo. O corante preto apresenta uma absorvância muito elevada em toda a gama do espetro visível com um pico de absorvância a 620 nm. Apresenta também uma boa absorvência na região ultravioleta. A célula assim fabricada, com uma área de célula de 2,0 cm x 2,1 cm e um revestimento de nanopartículas de dióxido de titânio com 487,44 μm de espessura, apresenta uma tensão de célula em circuito aberto de 0,61 V e uma corrente de curto-circuito de 48 μA.[114]

Este estudo mostra a otimização de um elétrodo de TiO2 revestido com ZnO. Foi também estudado o efeito deste elétrodo na eficiência de conversão de energia de uma célula solar sensibilizada por corante. Este elétrodo foi fabricado mergulhando o elétrodo de TiO2 com o tratamento TiCl4 numa solução de acetato de zinco desidratado [Zn (CH3COO)$_{22H2}$ e etanol. Foi também estudado o efeito da concentração de Zn (CH_3 $COO)_2$ $2H_2$ O no intervalo de banda de um elétrodo de trabalho e na eficiência de conversão de energia de uma DSSC. A concentração de ZnO diminuiu de 0,004 mol/L para 0,002, o intervalo de banda do elétrodo de trabalho diminuiu de 3,87 eV para 3,08 eV e a eficiência de conversão de energia da DSSC aumentou de 3,3514% para 3,8573%. [115]

Neste estudo, a eficiência fotovoltaica da DSSC (Dye Sensitized Solar Cell) utilizando cinco corantes orgânicos diferentes extraídos de fontes naturais, nomeadamente *Gomphrena globosa, Syzygium cumini* (fruto e folha), *Crocus sativus*, *Caesalpinia sappan* e *Rubia cordifolia.* O pó de TiO_2 , revestido sobre o substrato de vidro condutor, foi utilizado como foto-ânodo. O espetrofotómetro UV e o espetrofotómetro de fotoluminescência foram utilizados para caraterizar os corantes e encontrar os seus máximos de absorção e emissão, respetivamente. O difratómetro de raios X foi utilizado para caraterizar a película do elétrodo de TiO_2. Foi também efectuada uma análise SEM para estudar a morfologia da superfície. A vida útil e a eficiência das DSSC podem ser melhoradas através do estudo do processo de absorção do corante e da espessura, tamanho e forma do revestimento de TiO2. Assim, podem ser desenvolvidas células solares de baixo custo com uma eficiência de conversão de energia significativa. [116]

A película fina mesoporosa de ZnO é uma parte importante das células solares sensibilizadas por corantes (DSSCs). No entanto, a película fina de ZnO preparada por métodos comuns limita o aumento da eficiência de conversão das DSSCs. Neste trabalho, o método de eletrodeposição em duas etapas para fabricar película fina de ZnO, que aumenta a rugosidade e a adsorção de corantes. As nanofolhas de ZnO com muitas nanopartículas adsorventes foram observadas por microscópio eletrónico de varrimento (SEM). É importante notar que as células solares baseadas no método de eletrodeposição em duas fases apresentam um melhor desempenho fotoelétrico do que as baseadas no método de eletrodeposição numa fase. O método de eletrodeposição em duas fases aumenta a área de superfície específica e, após a adição de corantes, aumenta a adsorção, o que contribui para melhorar a eficiência de conversão das DSSCs[117].

As células solares sensibilizadas por corantes são um tipo de célula solar de terceira geração que forma um fotovoltaico. A DSSC está planeada para reduzir o custo do material dispendioso dos painéis solares convencionais. O principal objetivo é fabricar e comparar células solares sensibilizadas por corantes (DSSC) utilizando corante orgânico de mirtilo e corante azul de substâncias químicas. A DSSC é fabricada utilizando o método "Doctor Blade". Os resultados baseiam-se no desempenho elétrico e nas caraterísticas da célula solar de TiO2 fabricada. Os dados necessários que são investigados são a tensão de circuito aberto, Voc, a corrente de curto-circuito, Isc, os factores de enchimento, a eficiência das células solares e a absorção de UV. Os resultados revelam um bom potencial dos corantes de mirtilo como sensibilizadores, mas é necessária uma investigação mais aprofundada para compreender plenamente as caraterísticas destes corantes orgânicos. [118]

As energias renováveis estão a ganhar rapidamente importância como recurso energético alternativo aos combustíveis fósseis e ao carvão. Este artigo apresenta o fabrico de células solares sensibilizadas por corantes (DSSC) utilizando corantes orgânicos da fruta do dragão. O fabrico de DSSC utiliza o método Dr.blade. O resultado mostra que a eficiência usando fruta do dragão como sensibilizador a 40μm TiO2 Espessura é 6,45%, melhor do que o uso de corante de clorofila que é 4,23% na mesma espessura. O resultado também mostra que a 80μm, utilizando os corantes do extrato de clorofila, a eficiência da célula solar é superior à do fruto do dragão. Isto mostra que tanto o extrato de clorofila como o fruto do dragão apresentam potencial para o desenvolvimento de um corante orgânico funcional viável[119].

Uma célula solar sensibilizada por corante é fabricada com variação na espessura de dióxido de titânio de 40 μm, 80 μm e 120 μm, revestindo-a em um vidro revestido de óxido de estanho de índio. Foi então testado sob a luz solar média e a temperatura de 693,69 W/m^2 , 44,4 °C, respetivamente. Com base na investigação, verificou-se que o TiO2 de 40 μm produz um circuito de tensão aberto de 0,21 V, uma corrente de curto-circuito de 121,28 μA e uma eficiência (η) de 9,78%, enquanto o de 80 μm produz um circuito de tensão aberto de 0,16 V, uma corrente de curto-circuito de 69,89 μA e uma eficiência (η) de 2.66%, e a camada de TiO2 com uma espessura de 120 μm produz uma tensão de circuito aberto de 0,00063 V, uma corrente de curto-circuito de 0 mA e uma eficiência (η) de 0%. A partir destes resultados, conclui-se que a melhor geração de carga provém da camada de espessura mais fina de TiO_2 , que é de 40 μm, em comparação com outras dimensões[120].

A célula solar sensibilizada por corante é constituída por um TiO2 que actua como fotoeléctrodo, um sensibilizador de moléculas de corante, uma camada de eletrólito e um contraeléctrodo. A flor de rosa é extraída e utilizada como sensibilizador para fabricar células solares sensibilizadas por corantes (DSSC). O desempenho fotoelectroquímico da célula solar sensibilizada pela rosa mostra parâmetros como a tensão de circuito aberto, V_{OC} , a corrente de curto-circuito, (I_{SC}), o fator de enchimento (FF), a eficiência da célula solar (η) e a taxa de absorção de pico de 0,13 V, 57,58 μA, 0,58, 0,85% e 3,5 a 550 nm, respetivamente. O desempenho foto-eletroquímico da DSSC e a utilização de um sensibilizador natural a partir de corante de flor de rosa demonstram um bom potencial para ser aplicado como sensibilizador, mas são essenciais investigações pormenorizadas em termos da sua aplicabilidade a longo prazo[121].

A compatibilidade entre os corantes naturais e os semicondutores para produzir um bom desempenho das células solares sensibilizadas por corantes desempenha um papel importante. Os corantes das folhas de papaia, pericarpos de mangostão, beterrabas e N719 foram investigados como sensibilizadores nas células solares sensibilizadas por corantes baseadas em nanobastões de ZnO. Os substratos de vidro de óxido de estanho dopado com flúor revestidos com película de ZnO foram preparados utilizando um método de lâmina raspadora, seguido de sinterização a 450 °C. Entretanto, o contra-elétrodo continha um revestimento de platina catalítica depositada quimicamente. Os eléctrodos de trabalho foram primeiramente imersos na solução de corante N719 e nas respectivas soluções de corante natural a concentrações correspondentes de 8 g/100 mL e 21 g/100 mL. Os espectros de absorção dos corantes e do elétrodo de trabalho semicondutor carregado com corante foram obtidos por espetroscopia UV-Vis. Além disso, a espetroscopia de infravermelhos com transformada de Fourier foi utilizada para determinar as funcionalidades caraterísticas das moléculas de corante. Além disso, a DSSC à base de N719 apresentou a maior eficiência (0,47%), enquanto a DSSC à base de folhas de papaia alcançou a maior eficiência (0,17%) entre as DSSCs à base de corantes naturais estudadas. A eficiência melhorada observada na DSSC à base de corantes naturais foi atribuída ao aumento do valor da densidade de corrente. A elevada absorvância e a baixa resistência eléctrica da DSSC carregada com corante à base de folhas de papaia (concentração: 8 g/100 mL) contribuíram para o elevado valor da densidade de corrente gerada. No entanto, são necessários mais estudos para melhorar as propriedades do fator de preenchimento destas células solares que eram < 33%. [122]

O estudo de células solares sensibilizadas por corantes (DSC) baseadas em películas nanocristalinas de semicondutores de elevado intervalo de banda é um campo de investigação progressivo que está a ser levado a cabo por cientistas de uma vasta gama de laboratórios. Para melhorar a eficiência de conversão das DSCs, a fotocorrente dos nanorots de SnO_2 , o efeito do controlo da concentração nas propriedades do SnO2 nanocristalino foi investigado através do método hidrotérmico e caracterizado por difração de raios X, HRTEM, BET e espetro de absorção. Apesar da análise dos resultados, a conclusão é que o SnO2 puro é preparado, o SnO2 nanocristalino preparado sob 0,05mol/L mostra a forma de partícula cristalina, a área de superfície do SnO_2 nanocristalino é 102,1683m^2 /g. O SnO_2 nanocristalino preparado sob 1mol/L apresenta a forma de fibra cristalina, a área de superfície do SnO2 nanocristalino é de 79,7591m^2 /g. A absorvância do SnO_2 nanocristalino mostra a forte absorção na gama de raios ultravioleta, a absorvância do SnO_2 nanocristalino sintetizado sob a concentração de solução de SnCl4 para 1mol/L mostra o valor mais elevado.[123]

As células solares sensibilizadas por corantes (DSSC) têm sido objeto de um estudo aprofundado devido ao seu potencial promissor em termos de elevada eficiência, baixo custo de produção e produção ecológica. O foto-ânodo das DSSC é tradicionalmente composto por nanopartículas de TiO_2 , que têm uma grande área de superfície específica e um intervalo de banda adequado (3,2 eV) para a injeção eficaz de electrões das moléculas de corante para o semicondutor. No entanto, a sua elevada taxa de recombinação de cargas superficiais é responsável pela sua baixa eficiência. Em alternativa, a sílica, que é quimicamente inerte, termicamente estável, tem uma área superficial elevada e é pouco dispendiosa, pode ser utilizada para substituir o TiO2 como material do foto-ânodo. No entanto, a sílica a granel tem um grande intervalo de banda de 8,9 eV e o seu intervalo de banda tem de ser reduzido para que possa ser utilizada como material de foto-ânodo. Assim, neste estudo, o efeito do foto-ânodo de nano-sílica e o seu tamanho de partícula no desempenho da célula solar sensibilizada por corante são investigados e caracterizados. O resultado é então comparado com a sílica fumada e com as DSSCs convencionais de TiO_2. Embora os resultados mostrem que a conversão fotão-eletrão é inferior à do foto-ânodo de TiO2, este tem um grande potencial, uma vez que o custo de fabrico é baixo e mais amigo do ambiente[124].

Neste trabalho, foram preparadas películas finas de TiO_2 através de um método de revestimento por rotação sol-gel em lâminas de vidro, aço inoxidável 304 e substratos de bolacha de silício. As películas finas foram recozidas a diferentes temperaturas em atmosfera ambiente. O efeito dos substratos e das temperaturas de recozimento na microestrutura, morfologia da superfície e hidrofilicidade das películas foi caracterizado por espetroscopia Raman, microscopia de força atómica e medição do ângulo de contacto com a água, respetivamente. Os espectros Raman indicaram que as películas finas de TiO2 recozidas (a 550 °C) revestidas em aço inoxidável e bolacha de silício apresentavam uma estrutura de anatase. O ângulo de contacto de todas as amostras diminuiu com o aumento do tempo de irradiação UV e da temperatura de recozimento[125].

A película fina composta de TiO2/ZnO foi preparada espalhando sequencialmente a película fina de TiO2 e ZnO no solo, camada por camada, com o método sol-gel, respetivamente. Dois corantes naturais diferentes (pigmento amarelo de cártamo Hehuang e pigmento Lycium ruthenicum Murr) foram utilizados como sensibilizadores, respetivamente, para sensibilizar os fotoanodos de filme fino de TiO_2 /ZnO e serem montados em células solares. O tempo de imersão dos fotoanodos no sensibilizador foi investigado sistematicamente e os resultados mostram que é possível obter uma maior eficiência de conversão fotovoltaica com o prolongamento do tempo de imersão. A estrutura de fase, a cristalinidade, a morfologia e as propriedades ópticas do foto-ânodo foram caracterizadas com base em difração de raios X, SEM e medições UV-vis[126].

Este trabalho investigou a influência dos corantes orgânicos Laranja IV e Eosina Y como fotossensibilizadores nos parâmetros fotovoltaicos das células solares sensibilizadas por corantes (DSSCs) com fotoelectrodos de ZnO. O ZnO foi preparado por nanopartículas caseiras de ZnO. A difração de raios-X em pó (difração de raios-

X), a microscopia eletrónica de varrimento (SEM) e as medições BET foram utilizadas para caraterizar as estruturas e a morfologia das nanoestruturas de ZnO. O Laranja IV demonstrou o melhor desempenho em comparação com a célula sensibilizada com a Eosina Y. Isto ocorreu porque o Laranja IV demonstrou o coeficiente de extinção molar mais elevado[127].

Alex Remegio et al. (2012) desenvolveram uma célula solar utilizando nanopartículas de TiO2 em que os electrões foram sensibilizados por ácido cítrico [128]. As caraterísticas fotoeletroquímicas da célula solar sensibilizada à base de TiO2 foram testadas sob a luz solar. Foram fabricadas duas células e cada uma delas foi construída num metro quadrado e tem doze blocos de células com 2in. x 3in. em cada lado. Com base nos resultados obtidos no primeiro dia, numa zona de sombra, das 17h00 às 18h00, a primeira célula obteve 6,24 volts com 154 microamperes; a segunda obteve 7,81 volts com 169 microamperes. Sob uma fonte de luz moderada, das 7h às 8h, o primeiro painel obteve 6,42 volts com 191 microamperes; o segundo painel teve 7,90 volts com 210 microamperes. Isto implica que, em termos de eficiência energética, esta tecnologia é muito mais eficiente do que a célula de Gratzel [128]. Okoli et al. (2013) prepararam uma DSSC usando nanopartículas de TiO2 e corante local. O corante local foi extraído do hibiscus sabdariffa. O TiO2 sensibilizado com o corante antocianina pode absorver luz tanto na região do ultravioleta como na região do visível. A caraterização corrente-tensão de um DSSC fabricado com o elétrodo de TiO2 tingido com antocianina e outro DSSC fabricado com elétrodo de TiO2 não dopado foi estudada e observou-se que o NC-TiO2 tingido é um melhor foto-electrodo [129].

Chou et al. (2008) fabricaram DSSC utilizando TiO2 com adição de nanopartículas de ITO e FTO que foram preparadas pelo método sol-gel [130]. Em comparação com o TiO2 isolado, a adição de nanopartículas de ITO e FTO resultou numa melhoria da eficiência de ~ 20% até ~ 54% para os sistemas TiO2-ITO e TiO2-FTO, respetivamente [17]. Foi utilizado o corante N3 à base de ruténio. Esta melhoria foi parcialmente atribuída a um comportamento de adsorção do corante ligeiramente melhorado e a uma alteração na química da superfície do TiO2 devido à presença de nanopartículas de ITO ou FTO [130]. As películas finas de nanopartículas depositadas utilizando etanol como meio de dispersão não apresentavam fissuras aparentes e tinham uma elevada transparência ótica. A transparência ótica das películas finas e a eficiência da DSC aumentaram rapidamente com a diminuição do tamanho das partículas e o aumento da homogeneidade da película [131].

Khan et al. (2012) compararam o desempenho de DSSCs sintetizadas com ácido cítrico e ácido nítrico e utilizaram espinafres vermelhos como sensibilizador. Em comparação com as DSSCs não tratadas com ácido, o aumento da eficiência de conversão e o fator de preenchimento foram significativos. As DSSCs tratadas com ácido apresentaram um aumento da densidade de corrente e do fator de enchimento, mas a tensão de circuito aberto foi ligeiramente reduzida. De um modo geral, os corantes naturais como sensibilizadores de DSSCs são promissores devido ao seu carácter ecológico e à sua produção de baixo custo. As células tratadas com ácido cítrico e com o corante vermelho de espinafre como sensibilizador produziram o melhor desempenho com 1m Acm-2 de densidade de corrente com um potencial de 505 mV. Observou-se que as DSSCs apresentaram melhor desempenho fotovoltaico e maior eficiência de conversão quando a pasta de TiO2 foi tratada com ácido orgânico do que com ácido inorgânico e o corante vermelho de espinafre provou ser o melhor sensibilizador [132].

Fahd et al. (2013) utilizaram o método sol-gel spin-coating para depositar uma camada de ZnO na superfície do elétrodo de TiO2, a fim de aumentar a eficiência da DSSC correspondente [133] . É de salientar a influência da quantidade de ZnO, monitorizada pelo número de gotas de sol de revestimento. As caraterísticas I-V de cinco DSSCs de TiO2 revestidas de ZnO com diferentes quantidades de ZnO (1 - 5 gotas) são comparadas com as de DSSCs de TiO2 não revestidas. Os resultados mostram um aumento de η numa única gota de sol com um aumento de cerca de 40%, seguido de uma diminuição acentuada para 0% com o aumento da quantidade de ZnO [133].

Zhou et al. (2011) utilizaram vinte corantes obtidos da natureza, incluindo flores, folhas de plantas, frutos, medicamentos tradicionais chineses e bebidas, como sensibilizadores em DSCs [134]. Os corantes extraídos destes materiais continham cianina, caroteno, clorofila, etc. O desempenho fotoeletroquímico dos DSCs baseados nesses corantes mostrou que o Voc variou de 0,337-0,689 V, e Jsc estava na faixa de

0,142,69 mA cm-2. O DSC sensibilizado pelo extrato de mangostão por carpa ofereceu a maior eficiência de conversão de 1,17% entre os 20 extractos. De um modo geral, os corantes naturais como sensibilizadores de DSCs são promissores devido à sua compatibilidade ambiental, produção de baixo custo e módulos policromos concebíveis [134]. Verificou-se que a dopagem com Al numa concentração de 0,5 moles de iões metálicos sobre 100 moles de iões Ti^{4+} pode melhorar a eficiência global do desempenho de um DSC de 3,656% para 4,540%. No entanto, verificou-se que os fotoelectrodos de TiO2 dopados com Ni e Zn melhoram a eficiência de desempenho de Voc... A dopagem pode influenciar o transporte de electrões nos materiais do fotoeléctrodo [135]

A morfologia, a estrutura, a caraterização da fotoluminescência do NaYF4:Yb^{3+} , Er@TiO2 e o desempenho fotoelétrico, a espetroscopia de impedância de corrente alternada das DSSCs são caracterizados utilizando microscopia eletrónica de transmissão. Observou-se que a eficiência de conversão da DSSC a uma temperatura de recozimento de 330° C mostra uma melhor eficiência [136]. As nanopartículas de TiO2 foram preparadas por dois métodos diferentes (i) sol gel (ii) hidrotérmico. As nanopartículas foram preparadas nas mesmas condições ambientais e com os mesmos parâmetros. Verificou-se que as nanopartículas preparadas pelo método sol-gel eram altamente cristalinas e tinham um tamanho cristalino mais pequeno do que as preparadas pelo método hidrotérmico. As partículas foram examinadas por difração de raios X e TEM (Tunneling Electron Microscope) [137].

As imagens TEM das nanopartículas derivadas do sol-gel mostram estruturas esféricas claras e não homogéneas com um diâmetro de cerca de 9 nm. O padrão de difração das nanopartículas indica que as nanopartículas de TiO2 preparadas através do método hidrotérmico eram de natureza cristalina. Não se observam estruturas esféricas claras na imagem TEM. A aglomeração de nanopartículas é maior neste caso do que no anterior. Como se pode ver na imagem TEM, o tamanho médio das partículas é de cerca de 19 nm, o que está de acordo com o tamanho do cristalito obtido por difração de raios X [137].

K. Y. Chew observou que a quantidade de surfactante (ácido cítrico) adicionada à solução afecta a forma e o tamanho das nanopartículas de TiO_2 [138]. A adição de ácido cítrico como estabilizador (razão molar de 0,5, 1,0, 2,0, 4,0) resultou na formação de partículas de $Ba_2NiTi_5O_{13}$ com morfologia variada, ou seja, em forma de esfera, cubo e vareta. As alterações da morfologia foram deduzidas como sendo causadas pelo ácido cítrico, que tende a ser absorvido em determinadas dimensões das partículas de $Ba_2NiTi_5O_{13}$ quando se adiciona uma concentração diferente de ácido cítrico. Quando a quantidade de ácido cítrico aumenta, os núcleos precursores são repelidos pela quantidade crescente de impedimento estático da longa cadeia de carbono do ácido cítrico. Assim, os núcleos precursores são forçados a separar-se antes de terem a oportunidade de colidir uns com os outros e formar núcleos precursores maiores. Por conseguinte, quanto maior for a quantidade de ácido cítrico, mais pequenas serão as partículas formadas [138].

O TiO_2 nanométrico foi preparado utilizando o método de precipitação sol-gel com etanol. As amostras foram caracterizadas por difração de raios X, SEM-EDAX e FT-IR. Os estudos morfológicos da superfície obtidos a partir da micrografia SEM mostraram que as partículas com formas esféricas são de natureza anatase. O tamanho cristalino do pó de TiO_2 obtido é de ~ 6 nm para a anatase a 400 °C através do controlo da acidez. A calcinação é um tratamento comum utilizado para melhorar a cristalinidade dos pós de TiO_2 [139]. Gnanasangeetha verificou que o concentrado de folhas de Corriandrum revela a proximidade de fitoconstituintes como o aldeído e a amina, que são os átomos activos de superfície que estabelecem as nanopartículas, e que estes fitoquímicos se ligam à superfície do zinco e ajudam no ajustamento das nanopartículas de óxido de zinco. O fitoquímico vegetal com propriedades antioxidantes é responsável pela síntese de nanopartículas de óxido de zinco [140]. S Venugopal utilizou folhas de coentros para a síntese de nanopartículas de ouro. É evidente que a maior parte das nanopartículas de ouro tinham uma forma esférica, embora também se tenham observado morfologias triangulares, triangulares truncadas e decaédricas, juntamente com algumas nanopartículas alongadas. O tamanho das partículas variou de 5 a 70 nm e o tamanho médio foi estimado em 30 nm [141].

Capítulo III

Conceção e metodologia da investigação

3.1 Lacunas de investigação

Sr	Título	Autor	Ano	Jornal	Metodologia	Medida	Lacuna na investigação
1	Melhoria do desempenho da célula solar sensibilizada por corante utilizando material reciclado para o contra-electrodo	Gomesh Nair, et al	2014	Investigação Avançada em Ciência dos Materiais e Mech. Engg	Método convencional de Blading para DSSC.	Tensão, Corrente	Corante químico utilizado
2	Comportamento estrutural de nanopartículas de TIO_2 dopadas com Ni e seu desempenho fotovoltaico em células solares sensibilizadas por corante (DSSC)	Nur Fadhilah Zainudi n, et al	2014	Investigação de materiais avançados	Método de coprecipitação	DIFRACÇÃO DE RAIOS X, SEM	Tio2 com Ni utilizado com baixa eficiência
3	Melhoria do desempenho das células solares sensibilizadas por corantes através da otimização da estrutura do fotanodo TiO_2	Fei Yang, et al	2014	Investigação de materiais avançados	Sol gel	DIFRACÇÃO DE RAIOS X, SEM	Corante químico utilizado Tamanho das partículas 90 nm.
4	Fabrico e teste de células solares sensibilizadas por corantes	Rajalaks hmi et al.	2014	Fórum de Ciência dos Materiais	Método sol-gel	Corrente de tensão	Corante químico utilizado
5	Otimização do elétrodo de trabalho de TiO_2 revestido com ZnO em células solares sensibilizadas por corante	Chuen Shii Chou et al.	2014	Mecânica Aplicada e Materiais	Método sol-gel	DIFRACÇÃO DE RAIOS X, SEM TEM	Corante químico utilizado
6	Película fina de ZnO preparada pelo método de eletrodeposição em duas fases para DSSC	Xiao Ping Zou et al,	2014,	Fórum de Ciência dos Materiais	Método de eletrodeposição	SEM	Corante químico utilizado
7	Efeito do controlo da concentração nas propriedades do SnO_2 Nanocystalline para células solares sensibilizadas por corantes	Song et al.	2014	Investigação de materiais avançados	Sol Gel	SEM DIFRACÇÃO DE RAIOS X	Apenas o Sno2 é utilizado e a eficiência é baixa
8	Nanosílica sintetizada em gel de sol como material fotoanódico para células solares sensibilizadas por corante (DSSCs)	Tying et al.	2014	Mecânica Aplicada e Materiais	Sol Gel	Eficiência, tensão	Apenas a sílica é utilizada com baixa eficiência
9	Estudo de Células Solares Sensibilizadas por Corantes Naturais com Filmes Finos Compostos de TiO_2 /ZnO como Fotoanodo	Zhao et al.	2014	Investigação de materiais avançados	Sol Gel	DIFRACÇÃO DE RAIOS X SEM UV	TiO_2 e ZNO_2 utilizados O tamanho das partículas é grande
10	Efeito do corante orgânico no desempenho fotovoltaico da célula solar de ZnO sensibilizada por corante	Omair et al.	2014	Avanços em nanopartículas	Sol Gel	DIFRACÇÃO DE RAIOS X, SEM, Eficiência	Utilização de corantes químicos, utilização de ZNO_2 com baixa eficiência

A partir do quadro acima, verificou-se que as lacunas da investigação são as seguintes: na Sr. 1, 3, 4, 5, 6 e 10 apenas foi utilizado corante químico, enquanto na Sr. 7 foi utilizado Sno2 e na Sr. 8 foi utilizada sílica, que têm uma eficiência baixa. Tio2, Ni e Zno2 foram utilizados nos Srs. 2, 9 e 10, onde o tamanho das partículas é maior ou o corante químico é utilizado com baixa eficiência. O Tio2 e o Zno2 não foram experimentados com tamanhos de partículas mais pequenos ou com corantes de melhor eficiência, o que poderia ter melhorado a sua eficiência.

3.2 Necessidade e importância do trabalho de investigação proposto

A energia solar tem um potencial notável para beneficiar o nosso mundo, diversificando o nosso aprovisionamento energético, reduzindo a nossa dependência de combustíveis importados e melhorando a qualidade do ar que respiramos. Neste trabalho de investigação, serão sintetizadas nanopartículas de óxido de titânio e óxido de zinco, seguidas de revestimento com corante natural. A absorvância ótica das nanoestruturas DSSC foi estudada e comparada com a DSSC de óxido de titânio e a DSSC de óxido de zinco. Embora a sua eficiência de conversão seja inferior à das melhores células solares de película fina, em teoria, a sua relação preço/desempenho deveria ser suficientemente boa para lhes permitir competir com a produção de eletricidade a partir de combustíveis fósseis, alcançando a paridade da rede. Nas investigações anteriores, utilizou-se sobretudo corante químico, o que o torna dispendioso e pouco seguro.

As nanopartículas de TiO2 podem apresentar uma excelente atividade fotocatalítica. Podem melhorar a eficiência da transferência de carga líquida na interface semicondutor/eletrólito. As actividades fotocatalíticas das nanopartículas de ZNO2-TiO2 serão superiores às das nanopartículas de TiO2 puro. A absorção ótica destas nanoestruturas aumenta para além da região UV. Assim, o corante natural melhorou consideravelmente a absorção do óxido de titânio de banda larga que, por si só, não consegue absorver a luz visível.

De um modo geral, os corantes naturais como sensibilizadores de DSSC são um campo prometedor devido ao seu carácter ecológico e à sua produção de baixo custo. Verificou-se que as DSSC apresentaram melhor desempenho fotovoltaico e maior eficiência de conversão quando a pasta de TiO2 foi tratada com ácido orgânico do que com ácido inorgânico e que o corante vermelho de espinafre provou ser o melhor sensibilizador.

3.3 Os principais objectivos do trabalho de investigação proposto são apresentados a seguir:

- Para sintetizar nanoestruturas de TiO2.
- Para sintetizar nanoestruturas de ZnO
- Revestir as nanoestruturas semicondutoras com corantes naturais.
- Estudar as caraterísticas nanoestruturais por SEM (Microscópio eletrónico de varrimento) e TEM (Microscópio eletrónico de tunelamento) com a identificação de

diferentes fases por DIFRACÇÃO DE RAIOS X.

- Estudar as caraterísticas de absorção das nanoestruturas sintetizadas.

3.4 Questão de investigação

- Qual será o tamanho das partículas do material semicondutor utilizando o método sol gel?
- Como é que os corantes naturais afectam as caraterísticas do material semicondutor?
- Se as nanopartículas revestidas com corantes naturais são adequadas para a aplicação em células solares ou não?
- Espinafres ou malmequeres: que tipo de corante natural é melhor para a aplicação em células solares?

3.5 Hipótese

H0- O corante natural pode afetar as caraterísticas do nanomaterial semicondutor H1- Os corantes naturais revestidos de material semicondutor podem ser utilizados em células solares como sensibilizadores

3.6 Conceção da investigação

A investigação é de carácter experimental. Inclui:

- Planear a experiência de acordo com as necessidades
- Aquisição de produtos químicos de qualidade analítica à Sigma Aldrich
- Preparação de nanopartículas de Tio2 e Zno pelo método sol-gel
- Extração de corante natural de espinafre e calêndula
- Estudo de difração de raios X de nanopartículas
- Caracterização de nanopartículas de TiO2 e Zno por SEM e TEM
- Revestimento de nanopartículas com corante natural
- Análise EDX de nanomateriais com e sem revestimento de corante
- Estudo de espetroscopia UV de nanomateriais com e sem revestimento de corante

3.7 Metodologia

O método Sol gel é utilizado para preparar nanopartículas.

3.8 Ferramentas

- Sonicador
- Máquina de DIFRAÇÃO DE RAIOS X
- Microscópio Eletrónico de Varrimento
- Microscópio Eletrónico de Transmissão
- Máquina de análise de raios X por dispersão de energia
- Espectroscopia UV

3.9 Técnicas

O método Sol Gel é utilizado para a preparação de nanopartículas semicondutoras. O Igepal CO

O 520 é utilizado como surfactante e a solução de amoníaco é utilizada para ajustar o pH da solução. A técnica de difração de raios X é utilizada para encontrar a estrutura cristalina. O SEM e o TEM são utilizados para estudar as caraterísticas microestruturais do material. A morfologia das amostras de pó foi estudada utilizando o microscópio eletrónico de varrimento (Carl Zeiss, Alemanha).

3.10 Parâmetros

- Tamanho das nanopartículas
- Estrutura cristalina
- Morfologia por SEM e TEM
- Composição do elemento por EDAX
- Análise UV

3.11 Recolha e análise de dados

A recolha e a análise de dados são efectuadas por difração de raios X, SEM, TEM, EDAX e espetroscopia UV.

Capítulo IV

Técnicas experimentais

4. 1 Técnicas de caraterização

4.1.1 Difracções de raios X

Os raios X são radiações electromagnéticas com um comprimento de onda de cerca de 1 Â, o que corresponde aproximadamente ao tamanho de um átomo. Ocorrem na parte do espetro eletromagnético entre os raios gama e o ultravioleta. A descoberta dos raios X (1895) permitiu aos cientistas investigar a estrutura cristalina ao nível atómico. Os raios X são ideais para sondar a disposição estrutural de átomos e moléculas numa vasta gama de materiais. A razão é que o comprimento de onda λ dos raios X é comparável ao espaçamento interplanar d, a distância perpendicular entre os dois planos adjacentes de um átomo.

É uma técnica analítica versátil e não destrutiva para a identificação e determinação quantitativa das várias formas cristalinas conhecidas como fases de compostos presentes nas amostras em pó e sólidas. Basicamente, é uma impressão digital de um material.

A difração de raios X é uma técnica experimental importante utilizada para resolver as seguintes questões:

1. Identificação das fases cristalinas presentes na amostra, incluindo constantes de rede e estrutura cristalina.
2. Identificação de fases/materiais desconhecidos.
3. Especificação da orientação de cristais simples.
4. Determinação da orientação preferencial dos policristais (ou seja, textura cristalina).
5. Medição de certas caraterísticas físicas, tais como defeitos, tensões e tamanho dos cristalitos nas películas.

Uma rede cristalina é um conjunto regular de átomos no espaço. Estes estão dispostos no espaço de modo a formar uma série de planos paralelos separados uns dos outros por uma distância d, que varia consoante a natureza dos materiais. Para qualquer cristal, os planos orientados em direcções diferentes têm um espaçamento d diferente. Quando um feixe monocromático de raios X com um comprimento de onda λ incide sobre os planos da rede cristalina num ângulo (θ), a difração só ocorre quando a distância percorrida pelos raios reflectidos de planos sucessivos difere de um número 'n' de λs. Ou seja, a condição de Bragg dada por:

2dsin θ = n λ (4.1)

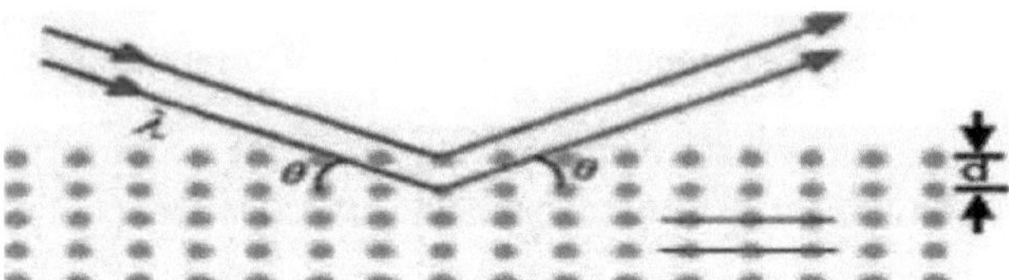

Fig 4.1 O princípio básico da difração de raios X

O princípio básico da difração de raios X é apresentado na Fig. 4.1. Variando θ, a lei de Bragg pode ser satisfeita por diferentes espaçamentos "d" num material policristalino. O traçado da posição angular e da intensidade dos picos de difração resultantes produz um padrão, que é caraterístico da amostra. A identificação é conseguida comparando este padrão de difração de raios X obtido a partir de uma amostra desconhecida com uma base de dados reconhecida internacionalmente que contém padrões de referência para mais de 70.000 fases. Para uma amostra que contenha uma mistura de fases, o padrão de difração de raios X é formado pela adição de

padrões individuais. A largura total a meio máximo (FWHM) dos picos de difração de raios X foi utilizada para estimar o tamanho médio das partículas nas películas. Os valores do tamanho das partículas nos filmes foram estimados usando a fórmula de Scherer: D=(0,9λ)/β1/2cosθ (4.2)

Onde D é o tamanho das partículas, β 1/2 é a largura total a meio máximo (FWHM) do pico de difração de raios X mais intenso observado nas escalas 2θ em radianos e λ é o comprimento de onda dos raios X utilizados.

No presente caso, foi utilizado o sistema de difração de raios X D8 Focus para a caraterização das amostras. Utiliza radiação Cu Kα com um comprimento de onda de 1,5418 Â. O tubo de raios X foi utilizado a 40 kV e 40 mA de corrente. O conjunto de DIFRACÇÃO DE RAIOS X é mostrado na Fig 4.2.

Fig 4.2 Diagrama de configuração da difração de raios X

4.2 Espectroscopia Raman

A espetroscopia Raman (nome de Sir C. V. Raman) é uma técnica espectroscópica utilizada para observar modos de vibração, rotação e outros modos de baixa frequência num sistema. Baseia-se na dispersão inelástica, ou dispersão Raman, de luz monocromática, normalmente de um laser na gama do visível, infravermelho próximo ou ultravioleta próximo. A luz laser interage com vibrações moleculares, fonões ou outras excitações no sistema, resultando num aumento ou diminuição da energia dos fotões laser. O desvio de energia fornece informações sobre os modos de vibração do sistema. A espetroscopia de infravermelhos produz informação semelhante, mas complementar. Normalmente, uma amostra é iluminada com um feixe de laser. A luz do ponto iluminado é recolhida com uma lente e enviada através de um monocromador. Os comprimentos de onda próximos da linha do laser, devido à dispersão elástica de Rayleigh, são filtrados, enquanto o resto da luz recolhida é dispersa num detetor. Diagrama de níveis de energia mostrando os estados envolvidos no sinal Raman. A espessura da linha é aproximadamente proporcional à intensidade do sinal das diferentes transições indicadas na Fig. 4.3.

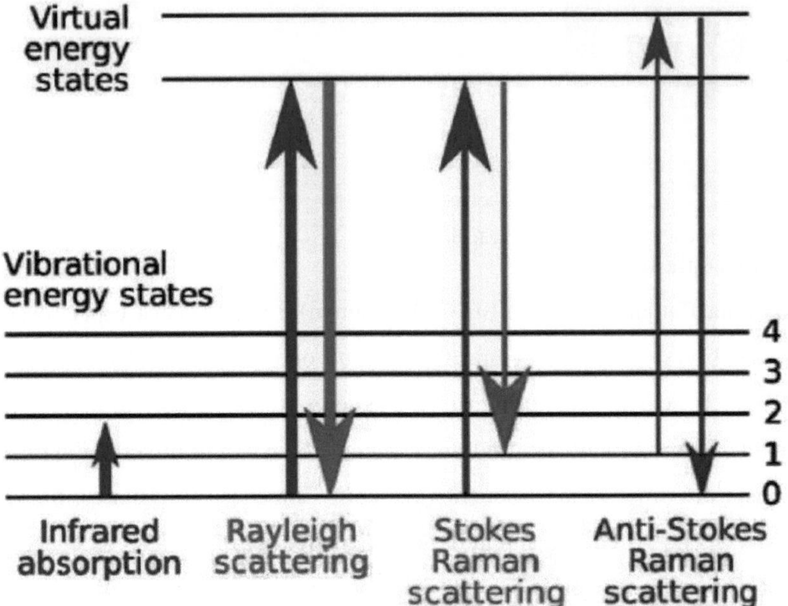

Fig. 4.3 Diagrama de níveis de energia para a espetroscopia Raman

A dispersão Raman espontânea é normalmente muito fraca, pelo que a principal dificuldade da espetroscopia Raman é separar a fraca luz dispersada elasticamente da intensa luz laser dispersada por Rayleigh. Historicamente, os espectrómetros Raman utilizavam grelhas holográficas e múltiplos estádios de dispersão para obter um elevado grau de rejeição do laser. No passado, os fotomultiplicadores eram os detectores de eleição para as configurações Raman dispersivas, o que resultava em tempos de aquisição longos. No entanto, a instrumentação moderna utiliza quase universalmente filtros de entalhe ou de borda para a rejeição do laser e espectrógrafos (transmissivo axial (AT), monocromador Czerny-Turner (CT) ou FT (baseado na espetroscopia por transformada de Fourier) e detectores CCD.

O efeito Raman ocorre quando a luz incide sobre uma molécula e interage com a nuvem eletrónica e as ligações dessa molécula. Para o efeito Raman espontâneo, que é uma forma de dispersão da luz, um fotão excita a molécula do estado fundamental para um estado de energia virtual. Quando a molécula relaxa, emite um fotão e regressa a um estado de rotação ou vibração diferente. A diferença de energia entre o estado original e este novo estado conduz a um desvio da frequência do fotão emitido em relação ao comprimento de onda de excitação. O efeito Raman, que é um fenómeno de dispersão da luz, não deve ser confundido com a absorção (como na fluorescência), em que a molécula é excitada para um nível de energia discreto (não virtual). Se o estado de vibração final da molécula for mais energético do que o estado inicial, o fotão emitido será deslocado para uma frequência mais baixa para que a energia total do sistema se mantenha equilibrada. Este desvio de frequência é designado por desvio de Stokes.

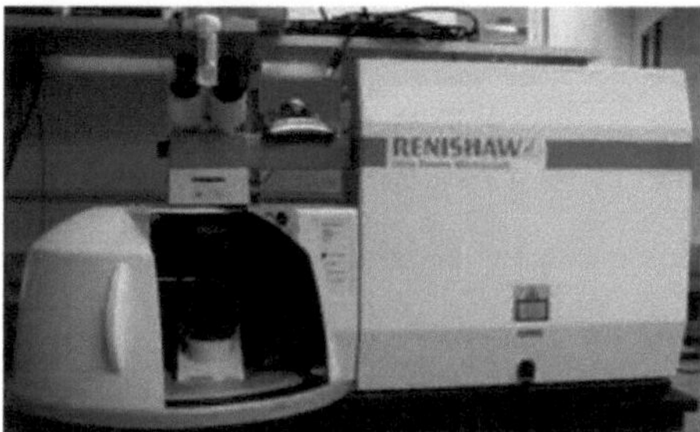

Fig. 4.4 Instalação do espetrómetro Renischaw Invia Raman (Ref. Reninshaw)

Se o estado vibratório final for menos energético do que o estado inicial, então o fotão emitido será deslocado para uma frequência mais elevada, o que é designado por deslocamento anti-Stokes.

A dispersão Raman é um exemplo de dispersão inelástica devido à transferência de energia entre os fotões e as moléculas durante a sua interação.

Existem vários tipos avançados de espetroscopia Raman, incluindo Raman com reforço de superfície, Raman de ressonância, Raman com reforço de ponta, Raman polarizado, Raman estimulado (análogo à emissão estimulada), Raman de transmissão, Raman espacialmente deslocado e hiper Raman. Neste estudo, foi utilizado o espetrómetro Ranischaw Invia Raman para a caraterização das amostras.

4.3 Microscópio eletrónico de varrimento (SEM)

Um microscópio eletrónico de varrimento (MEV) é um tipo de microscópio eletrónico que produz imagens de uma amostra através do seu varrimento com um feixe focalizado de electrões. Os electrões interagem com os átomos da amostra, produzindo vários sinais que podem ser detectados e que contêm informações sobre a topografia e a composição da superfície da amostra. O feixe de electrões é geralmente varrido num padrão de varrimento raster, e a posição do feixe é combinada com o sinal detectado para produzir uma imagem. O MEV pode atingir uma resolução superior a 1 nanómetro. As amostras podem ser observadas em alto vácuo, em baixo vácuo e (no MEV ambiental) em condições húmidas.

O modo mais comum de deteção é através dos electrões secundários emitidos pelos átomos excitados pelo feixe de electrões. O número de electrões secundários é função do ângulo entre a superfície e o feixe. Numa superfície plana, a pluma de electrões secundários é maioritariamente contida pela amostra, mas numa superfície inclinada, a pluma é parcialmente exposta e são emitidos mais electrões. Ao fazer o varrimento da amostra e detetar os electrões secundários, é criada uma imagem que mostra a inclinação da superfície. Num SEM típico, um feixe de electrões é emitido termionicamente a partir de um canhão de electrões equipado com um cátodo de filamento de tungsténio. O tungsténio é normalmente utilizado em canhões de electrões termiónicos porque tem o ponto de fusão mais elevado e a pressão de vapor mais baixa de todos os metais, permitindo assim o seu aquecimento para a emissão de electrões, e devido ao seu baixo custo. Outros tipos de emissores de electrões incluem cátodos de hexaboreto de lantânio, que podem ser utilizados num SEM de filamento de tungsténio normal se o sistema de vácuo for melhorado, e FEG, que podem ser do tipo cátodo frio utilizando emissores de cristal único de tungsténio ou do tipo Schottky termicamente assistido, utilizando emissores de óxido de zircónio.

O feixe de electrões, que normalmente tem uma energia que varia entre 0,2 keV e 40 keV, é focado por uma ou duas lentes condensadoras num ponto com cerca de 0,4 nm a 5 nm de diâmetro. O feixe passa através de pares de bobinas de varrimento ou de pares de placas deflectoras na coluna de electrões, normalmente na lente final, que desviam o feixe nos eixos *x* e *y*, de modo a que este percorra uma área retangular da superfície da amostra.

Quando o feixe de electrões primários interage com a amostra, os electrões perdem energia por dispersão e absorção aleatórias repetidas dentro de um volume em forma de lágrima da amostra, conhecido como volume de interação, que se estende desde menos de 100 nm até cerca de 5 μm na superfície. A dimensão do volume de interação depende da energia de aterragem do eletrão, do número atómico da amostra e da densidade da amostra. A troca de energia entre o feixe de electrões e a amostra resulta na reflexão de electrões de alta energia por dispersão elástica, na emissão de electrões secundários por dispersão inelástica e na emissão de radiação electromagnética, cada uma das quais pode ser detectada por detectores especializados. A corrente do feixe absorvida pela amostra também pode ser detectada e utilizada para criar imagens da distribuição da corrente da amostra.

São utilizados amplificadores electrónicos de vários tipos para amplificar os sinais, que são apresentados como variações de luminosidade num monitor de computador (ou, nos modelos antigos, num tubo de raios catódicos). Cada pixel da memória de vídeo do computador é sincronizado com a posição do feixe no espécime do microscópio e a imagem resultante é, portanto, um mapa de distribuição da intensidade do sinal emitido pela área digitalizada do espécime. Nos microscópios mais antigos, a imagem pode ser captada por fotografia a partir de um tubo de raios catódicos de alta resolução, mas nas máquinas modernas a imagem é guardada num computador. O diagrama esquemático apresentado na figura 4.5.

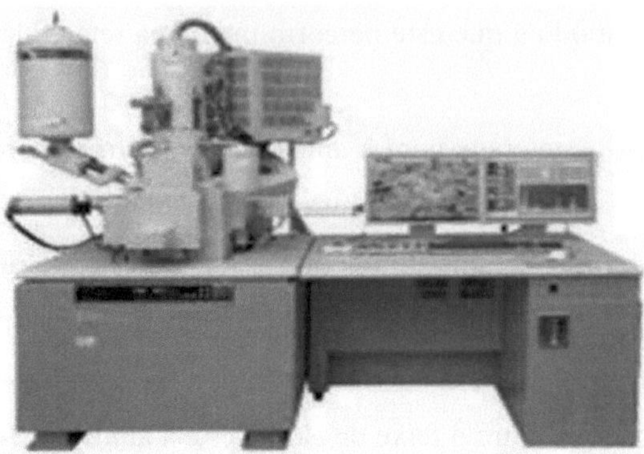

Fig.4.5 SEM (Microscópio Eletrónico de Varrimento) (Ref. Carl Zeiss)

As fotografias SEM das amostras a granel foram obtidas utilizando o microscópio eletrónico de varrimento modelo Supra 55 da Carl Zeiss. As medições SEM baseiam-se no princípio da irradiação da amostra com um feixe de electrões finamente focado. Os electrões secundários, os electrões retrodifundidos, os electrões de broca, os raios X caraterísticos e várias outras radiações são libertados da amostra. Geralmente, os electrões secundários são recolhidos para formar a imagem no modo SEM. Foi depositada uma fina camada de ouro nas superfícies fracturadas das amostras a granel para evitar problemas de carregamento elétrico. A componente ótica do MEV é apresentada na figura 4.6.

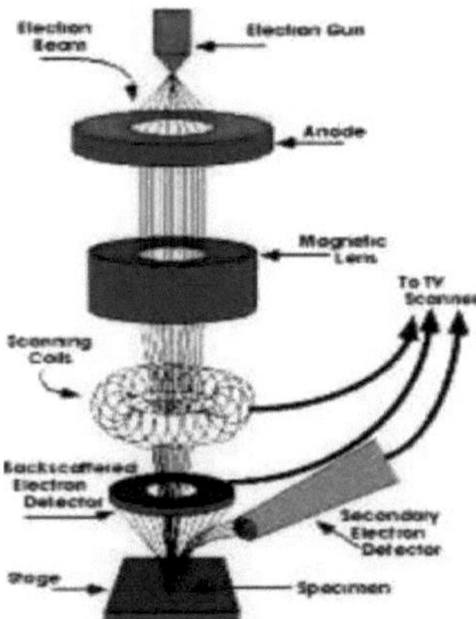

Fig. 4.6 Disposição do componente ótico do SEM

4.4 Microscopia Eletrónica de Transmissão (TEM)

A microscopia eletrónica de transmissão (TEM) é uma técnica de microscopia através da qual um feixe de electrões é transmitido através de um espécime ultrafino, interagindo com o espécime à medida que o atravessa. A imagem é formada a partir da interação dos electrões transmitidos através do espécime; a imagem é ampliada e focada num dispositivo de imagem, como um ecrã fluorescente, numa camada de filme fotográfico, ou para ser detectada por um sensor como uma câmara CCD.

Os TEMs são capazes de obter imagens com uma resolução significativamente mais elevada do que os microscópios de luz, devido ao pequeno comprimento de onda de Broglie dos electrões. Isto permite ao utilizador do instrumento examinar detalhes finos, mesmo tão pequenos como uma única coluna de átomos, que é milhares de vezes mais pequena do que o objeto mais pequeno resolúvel num microscópio de luz. O TEM constitui um método de análise importante numa série de domínios científicos, tanto nas ciências físicas como nas biológicas. O TEM tem aplicação na investigação do cancro, na virologia, na ciência dos materiais, bem como na investigação da poluição, das nanotecnologias e dos semicondutores.

Em ampliações menores, o contraste da imagem TEM é devido à absorção de electrões no material, devido à espessura e composição do material. Em ampliações maiores, as interações de ondas complexas modulam a intensidade da imagem, exigindo uma análise especializada das imagens observadas. Os modos alternativos de utilização permitem que o TEM observe modulações na identidade química, na orientação cristalina, na estrutura eletrónica e na mudança de fase dos electrões induzida pela amostra, bem como as imagens regulares baseadas na absorção. O diagrama esquemático apresentado na fig.4.7

Fig. 4.7 Microscópio Eletrónico de Transmissão, Hitachi (H-7500)

De cima para baixo, o TEM é constituído por uma fonte de emissão, que pode ser um filamento de tungsténio ou uma fonte de hexaboreto de lantânio (LaB_6). Ligando este canhão a uma fonte de alta tensão (normalmente ~100-300 kV), o canhão, com corrente suficiente, começa a emitir electrões no vácuo, quer por emissão termiónica quer por emissão de electrões de campo. Esta extração é geralmente auxiliada pela utilização de um cilindro de Wehnelt. Uma vez extraída, as lentes superiores do TEM permitem a formação da sonda de electrões com o tamanho e a localização desejados para posterior interação com a amostra. A disposição da componente ótica do TEM é mostrada na figura 4.8.

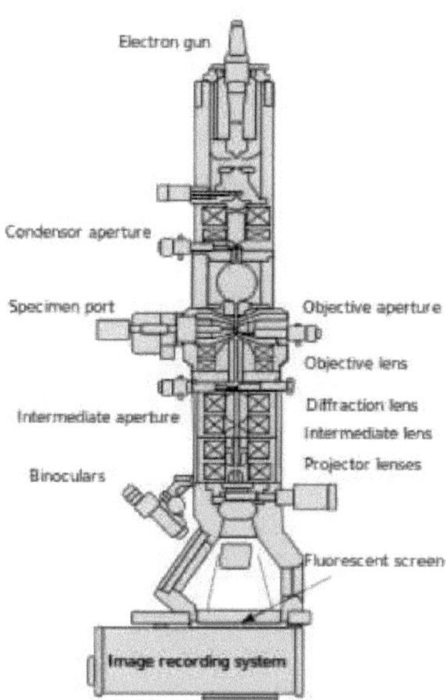

Fig. 4.8 Disposição do componente ótico do TEM

4.5 Medições de densidade

Para classificar e identificar materiais de uma grande variedade, os cientistas utilizam números chamados constantes físicas (por exemplo, densidade, ponto de fusão, ponto de ebulição, índice de refração) que são caraterísticos do material em questão. Estas constantes não variam com a quantidade ou a forma do material, pelo que são úteis para identificar positivamente materiais desconhecidos. Foram elaboradas obras de referência normalizadas que contêm listas de dados para uma grande variedade de substâncias. O químico utiliza-as para determinar a identidade de uma substância desconhecida, medindo as constantes físicas adequadas no laboratório, consultando a literatura científica e comparando depois as constantes físicas medidas com os valores de materiais conhecidos. Esta experiência ilustra várias abordagens para a medição da densidade de líquidos e sólidos.

A densidade é uma medida da "compacidade" da matéria dentro de uma substância e é definida pela equação:

Densidade = massa/volume (4.3)

As unidades métricas padrão utilizadas para massa e volume são, respetivamente, gramas e milímetros ou centímetros cúbicos. Assim, a densidade tem a unidade gramas/mililitro (g/ml) ou gramas/centímetros cúbicos (g/cc). Os valores da literatura são geralmente apresentados nesta unidade. A densidade pode ser calculada a partir de uma medição separada da massa e do volume ou, no caso dos líquidos, pode ser determinada diretamente através da utilização de um instrumento chamado hidrómetro. As densidades das amostras de cerâmica foram medidas pelo método de deslocamento de líquido de Arquimedes. A água desionizada foi utilizada como meio líquido. Um sólido imerso num líquido experimenta uma força de flutuação equivalente ao peso do líquido deslocado pelo volume do sólido. Se a densidade do líquido que provoca a flutuabilidade for conhecida, a densidade do sólido pode ser determinada pela seguinte equação:

$$P=(Wa/Wa-Wt)P_{líquido} \quad (4.4)$$

Em que ρ é a densidade da amostra, W_a o peso da amostra no ar, W_t o peso da amostra no líquido e ρ_{liquid} é a densidade do líquido em que a amostra está imersa.

4.6 Sol Gel

O processo Sol gel é uma das técnicas mais utilizadas para sintetizar nano partículas de TiO_2. Trata-se de uma forma muito simples de sintetizar as nanopartículas à temperatura ambiente e sob pressão atmosférica. A modificação da superfície de partículas semicondutoras de TiO2 tem atraído potencial devido à aplicação destes materiais em dispositivos electrocrómicos e fotocrómicos e em células solares sensibilizadas por corantes.

De entre os diferentes métodos disponíveis para a preparação de nanopartículas e películas finas nanocristalinas de TiO2, o método sol-gel é uma técnica simples, económica, sem vácuo e a baixa temperatura. Este processo sol-gel oferece muitas vantagens, como o excelente controlo da estequiometria das soluções precursoras, a facilidade de modificação da composição, a microestrutura personalizável, a facilidade de introdução de vários grupos funcionais, a necessidade de uma temperatura de recozimento relativamente baixa e a possibilidade de revestimento de substratos de grandes áreas.

No presente estudo, sintetizamos as nano partículas de TiO2 utilizando a síntese verde (sol gel) e os corantes extraídos de fontes vegetais naturais como o espinafre e o ouro casado serão revestidos nestas nano partículas. As nanopartículas de TiO2 revestidas com corantes naturais serão estudadas quanto às suas propriedades estruturais, microestruturais, composicionais e ópticas. O objetivo principal do presente estudo é sintetizar um sensibilizador de corante natural para células solares.

4.7 Análise Dispersiva de Energia de Raios X (EDAX)

O EDAX ajuda a determinar o conteúdo elementar da amostra. Nesta técnica, permite-se que um feixe energético de electrões incida sobre a película. Estes electrões incidentes interagem elasticamente com os electrões da camada interna e com os electrões da camada externa dos átomos do material da amostra fina, gerando raios X. Os electrões das camadas exteriores geram raios X suaves devido a esta interação, enquanto as camadas mais interiores geram raios X caraterísticos, que dependem das energias destas camadas e, por conseguinte, são caraterísticos dos átomos que irradiam estes raios X. Assim, através da análise da energia destes raios X caraterísticos, típicos dos quais são K , K , L , L etc., é possível determinar informações sobre o tipo de átomos presentes na amostra e a sua concentração. No presente estudo, o JEOL 840 SEM-EDX foi utilizado para determinar o conteúdo elementar presente nas películas finas de TiO2 preparadas.

4.8 Procedimento experimental para TiO2

As nano partículas de TiO2 foram preparadas utilizando o método sol gel. O diagrama de fluxo da síntese é o seguinte.

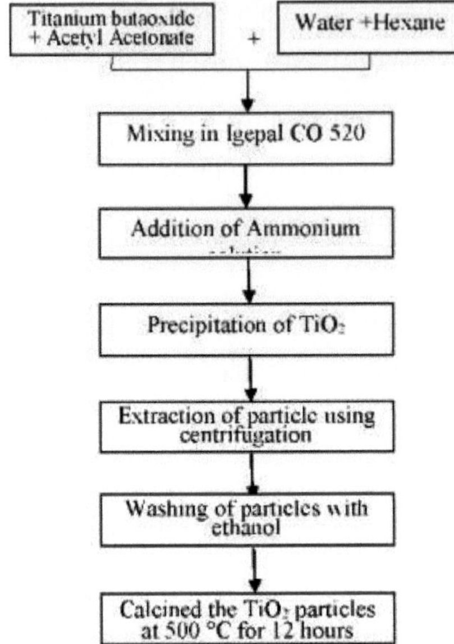

Fig. 4.9 Preparação de nano partículas de dióxido de titânio (TiO2)

Todos os produtos químicos utilizados são de qualidade analítica e foram adquiridos à Sigma Aldrich. Em seguida, a extração dos corantes naturais foi feita da seguinte forma

4.8.1 Extração da tintura de calêndula

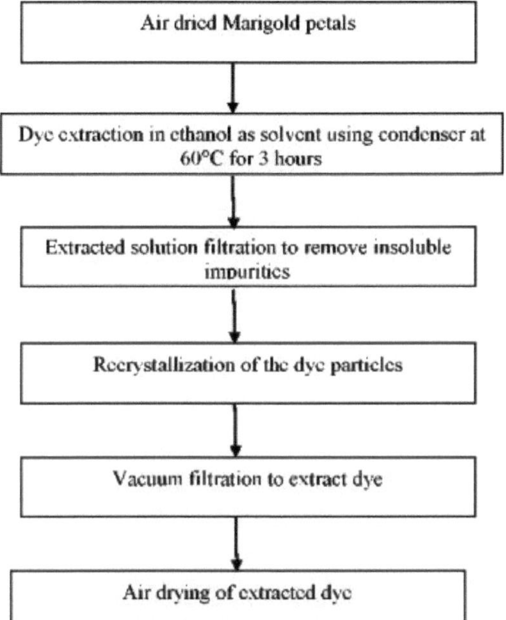

Fig 4.10 Extração da tintura de calêndula

4.8.2 Extração do corante de espinafre

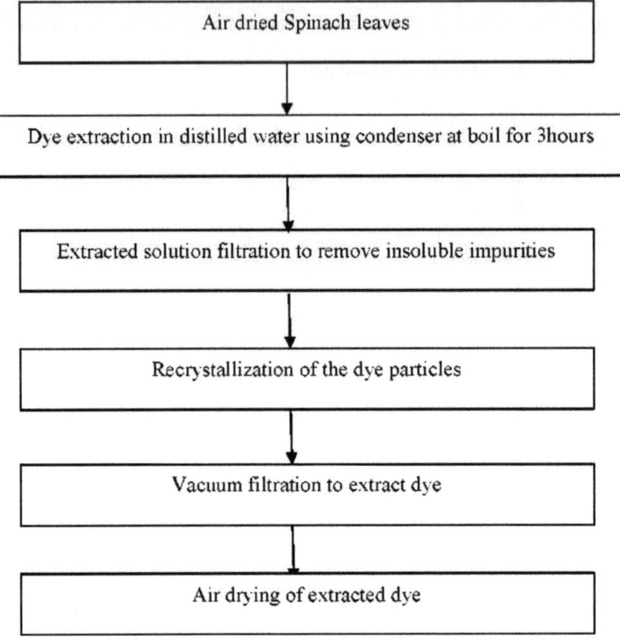

Fig. 4.11. Fixação da tintura de espinafre

4.8.3 Revestimento dos corantes nas nano partículas de TiO2

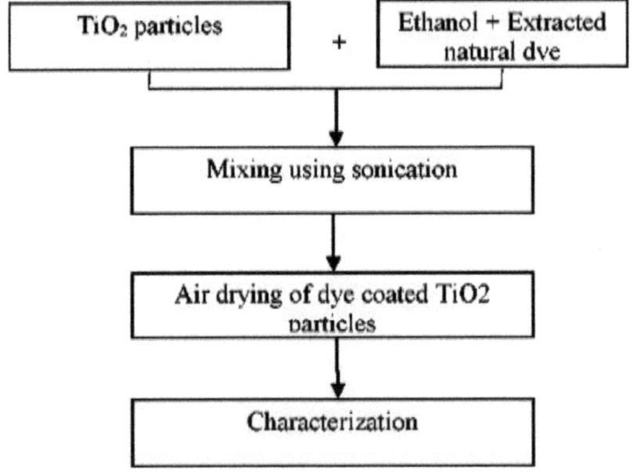

Fig 4.12 Revestimento dos corantes nas nano partículas de TiO2

4.9 Procedimento experimental para ZnO

As nano partículas de ZnO foram preparadas utilizando o método sol gel. O diagrama de fluxo da síntese é o seguinte.

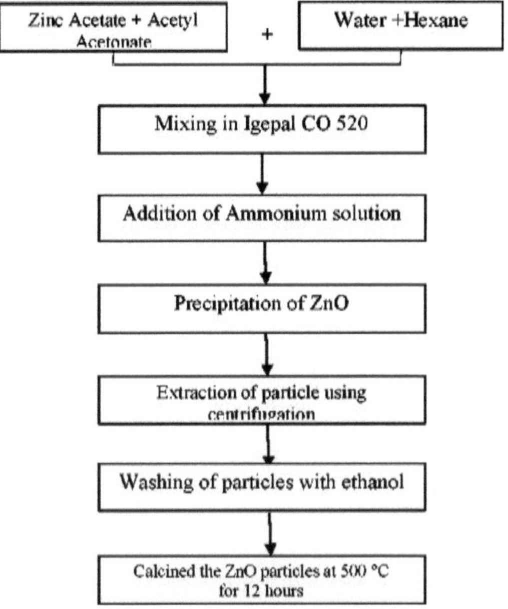

Fig 4.13 Preparação de nanopartículas de óxido de zinco (ZnO)

4.9.1 Revestimento dos corantes nas nano partículas de ZnO

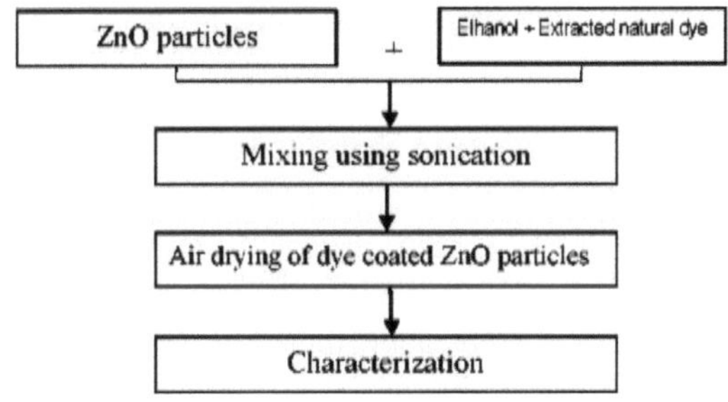

Fig. 4.14 Revestimento dos corantes nas nano partículas de ZnO

Capítulo V

Resultados e discussões

5.1 Caracterização de nanopartículas de TiO2 sensibilizadas por corantes naturais

Neste capítulo, apresentámos os resultados relativos a nanopartículas de TiO2 sensibilizadas por corantes naturais. As nano partículas de TiO2 puro foram preparadas pelo método sol gel. A fase anatase do TiO2 foi confirmada por difração de raios X. A microscopia eletrónica de transmissão foi utilizada para determinar o tamanho das nano partículas de TiO2. O revestimento das nanopartículas de TiO2 com corantes naturais extraídos dos espinafres e ouro casado foi efectuado. O microscópio eletrónico de varrimento e o estudo EDX revelam a morfologia e a composição elementar das nanopartículas de TiO2 puras e revestidas com corantes naturais. Os gráficos de Tauc confirmaram a diminuição do intervalo de banda com o revestimento de corante natural. As nanopartículas revestidas com corante natural são consideradas melhores candidatas para DSSCs.

5.1.1 Introdução

Os dispositivos fotovoltaicos têm sido fabricados com materiais semicondutores convencionais, como o silício (Si) [142]. As células solares sensibilizadas por corantes (DSSC) são uma alternativa atractiva às células solares à base de Si, uma vez que podem ser baratas, portáteis, termicamente estáveis, leves e flexíveis [143-145]. Em geral, existem três componentes principais das DSSC: um semicondutor do tipo n, um sensibilizador (ou seja, um corante) e um eletrólito redox [146-147]. O TiO2 é um dos semicondutores do tipo n mais utilizados, com um intervalo de energia de 3,2 e V [148]. Devido ao seu elevado brilho, é vulgarmente utilizado como pigmento para tintas, revestimentos, papéis e plásticos. A constante dieléctrica e o índice de refração do TiO2 são muito elevados, o que o torna um excelente revestimento ótico ou dopante para materiais dieléctricos. Atualmente, o TiO2 nanoestruturado tem atraído muita atenção devido às suas vastas aplicações como material de base para células solares sensibilizadas por corantes, fotocatalisadores e sensores [149-150]. Diferentes TiO2 nanoestruturados têm sido utilizados como foto-ânodos para fabricar DSSCs, incluindo nano-hastes unidimensionais (1D), nanotubos bidimensionais (2D) e materiais tridimensionais (3D). Além disso, os nano-cristais de TiO2 são materiais não tóxicos e são normalmente utilizados em aplicações biológicas [151]. Para melhorar as propriedades químicas e físicas do TiO2, alguns aditivos ou modificadores são aplicados como revestimentos no TiO2 puro nanosizado. Estes aditivos geram sítios fotocatalíticos mais activos no TiO2 e aumentam a estabilidade térmica do TiO2 nanoestruturado através da obtenção de uma área específica elevada, da melhoria da qualidade da interface e do transporte rápido de electrões [152-153]. Estas aplicações do TiO2 nanométrico são basicamente determinadas pelas suas propriedades físico-químicas, como a estrutura do cristal, o tamanho do grão, a relação superfície/volume, a porosidade e a estabilidade térmica. Além disso, estas propriedades físico-químicas dependem das diferentes técnicas de síntese [154].

O processo Sol gel é uma das técnicas mais utilizadas para sintetizar nano partículas de TiO2. Trata-se de uma forma muito simples de sintetizar as nanopartículas à temperatura ambiente e sob pressão atmosférica. A modificação da superfície das partículas semicondutoras de TiO2 tem atraído potencial devido à aplicação destes materiais em dispositivos electrocrómicos e fotocrómicos e em células solares sensibilizadas por corantes [155-156].

Neste capítulo, a síntese das nanopartículas de TiO2 utilizando a síntese verde (sol gel) e os corantes extraídos de fontes vegetais naturais como os espinafres e o ouro casado serão revestidos nestas nanopartículas. As nanopartículas de TiO2 revestidas com corantes naturais serão objeto de estudos sobre as suas propriedades estruturais, microestruturais, composicionais e ópticas. O principal objetivo do presente estudo é sintetizar um sensibilizador de corantes naturais para células solares.

5.1.2.1 Estudos de difração de raios X

A difração de raios X é uma ferramenta importante para analisar a estrutura cristalina dos materiais. O padrão de difração de raios X do TiO2 é apresentado na figura 5.1.1. O padrão de difração de raios X revela claramente a natureza cristalina da amostra. Todos os picos nas nanopartículas de TiO2 estão indexados de acordo com a fase Anatase do TiO2.

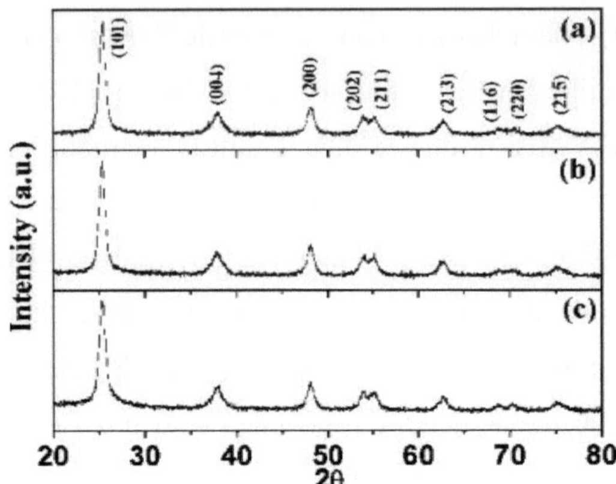

Figura: 5.1.1 Padrões de difração de raios X para as nano partículas de TiO2 puro, nano partículas revestidas com corante de espinafre e nano partículas de TiO2 com flor de ouro casado usando radiações Cu kα.

Não foi detectada nenhuma fase secundária no padrão de DIFRAÇÃO DE RAIOS X. A estrutura cristalina da amostra é tetragonal com uma grande relação "c/a". Todos os picos do padrão de difração acima foram indexados utilizando o grupo espacial *I41/amd* (grupo espacial número 141). O tamanho dos cristais do pó de TiO2 foi calculado utilizando a equação de Scherer.

$$\tau = K\lambda/\beta \cos\theta \qquad (5.1)$$

Onde τ é o tamanho médio dos domínios ordenados (cristalinos), que pode ser menor ou igual ao tamanho do grão. *K* é um **fator de forma** adimensional, com um valor próximo da unidade. O fator de forma tem um valor típico de cerca de 0,9, mas varia com a forma real do cristalito. λ é o comprimento de onda dos raios X. β é o alargamento da linha a metade da intensidade máxima (FWHM), após subtração do alargamento da linha instrumental, em radianos. θ é o ângulo de Bragg. O valor típico do tamanho dos cristais foi calculado para o pó de TiO2 a partir do padrão de difração de raios X e é de ~12nm.

5.1.2.2 Propriedades microestruturais

A morfologia das amostras de pó foi estudada utilizando o Microscópio Eletrónico de Varrimento (Carl Zeiss, Alemanha). As micrografias foram tiradas espalhando as partículas de pó sobre a fita de carbono. As micrografias foram tiradas com várias ampliações e em locais diferentes para analisar o mesmo extensivamente. As figuras

5.2.1, 5.2.2 e 5.2.3 mostram micrografias em diferentes ampliações.

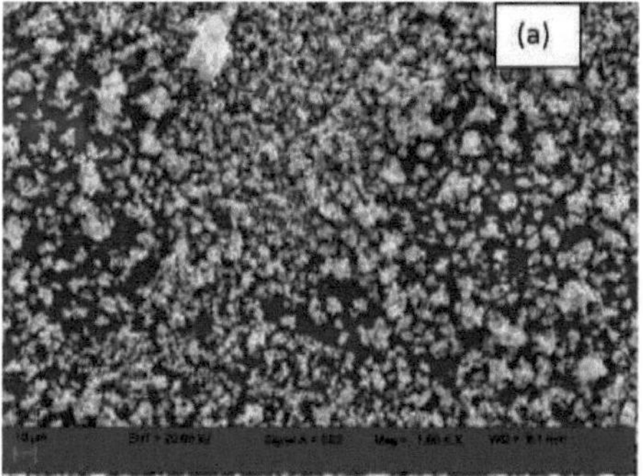

Fig 5.2.1: Micrografias SEM do pó de TiO2 puro com uma ampliação de ~1000 X

Fig. 5. 2.2: Micrografias SEM do pó de TiO2 puro com uma ampliação de ~25000 X

Fig. 5.2.3: Micrografias SEM do pó de TiO2 puro com uma ampliação de ~40000 X

A figura 5.2.1 mostra a morfologia das amostras com uma ampliação reduzida de ~1000 X. A visão geral da amostra mostra que a morfologia é a mesma e uniforme. À medida que se aumenta a ampliação, observam-se dois tipos diferentes de morfologia. As figuras 5.2.2 e 5.2.3 mostram ambos os tipos de morfologia. Na amostra, a morfologia mostrada na fig. 5.2.2 (b) é predominante na amostra em comparação com a fig. 5.2.3. Assim, pode concluir-se que pode haver uma mistura das fases rutilo e anatase do TiO2 na amostra. Devido à quantidade muito reduzida de fase rutilo, a fase anatase é claramente evidente na difração de raios X, enquanto alguns grupos de partículas mostram a formação de fase rutilo nas micrografias SEM.

Fig 5.2.4: Micrografias SEM de nanopartículas de TiO2 revestidas com corante de espinafre

Fig 5.2.5: Micrografias SEM das nanopartículas de TiO2 revestidas com corante de ouro Marry

As nanopartículas de TiO2 revestidas com corantes extraídos dos espinafres e das flores de ouro casado apresentam uma morfologia diferente das nanopartículas de TiO2 puro. Na fig. 5.2.4, é claramente evidente que as nanopartículas de TiO2 revestidas com corante de espinafres são maiores do que as nanopartículas de TiO2 puro. A morfologia das nanopartículas de TiO2 revestidas com corante de espinafre é uniforme em toda a amostra e as partículas são mais aglomeradas. A morfologia das nanopartículas de TiO2 revestidas com corante dourado é apresentada na fig. 5.2.5. A morfologia da amostra é quase semelhante à das nano partículas de TiO2 puro. As duas morfologias são claramente evidentes nas micrografias SEM.

5.1.2.3 Micrografias TEM

Foi observada a micrografia eletrónica de transmissão das partículas de TiO2 (Fig. 5.3.1). É claramente evidente a partir da imagem que as partículas uniformes foram formadas por este método de síntese. O tamanho médio das partículas é de ~ 17 nm. A imagem HRTEM da partícula foi obtida com uma ampliação muito elevada ~ 6,00,000 X. As franjas são claramente visíveis na figura 5.3.2.

A transformada FF das franjas foi efectuada para determinar a distância entre as franjas. A distância de uma franja preta é de ~0,099nm. Isto está de acordo com os dados de difração de raios X.

Fig.5.3.1: (a) Imagem TEM das nano partículas de TiO2. O tamanho médio das partículas é de ~17 nm.
Fig.5.3.2: (b) A imagem HRTEM da partícula de TiO2 evidencia claramente os planos cristalinos. A

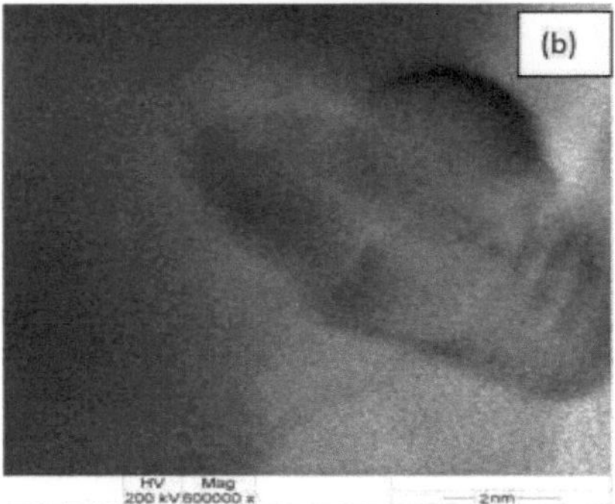

imagem FFT dos planos cristalinos (inset).

A análise de raios X por dispersão de energia das nanopartículas de TiO2 puro, das nanopartículas revestidas com corante de espinafres e das nanopartículas de TiO2 com flor de ouro casada é apresentada nas figuras 5.4.1, 5.4.2 e 5.4.3. É claramente evidente que as nanopartículas de TiO2 puro não contêm qualquer outro elemento, exceto Ti e O, ao passo que a presença de Na e Cu foi encontrada nas nanopartículas revestidas com corante de espinafre e nas nanopartículas de TiO2 com flor de ouro, respetivamente. Assim, a análise EDX indica claramente as composições dos elementos presentes na amostra.

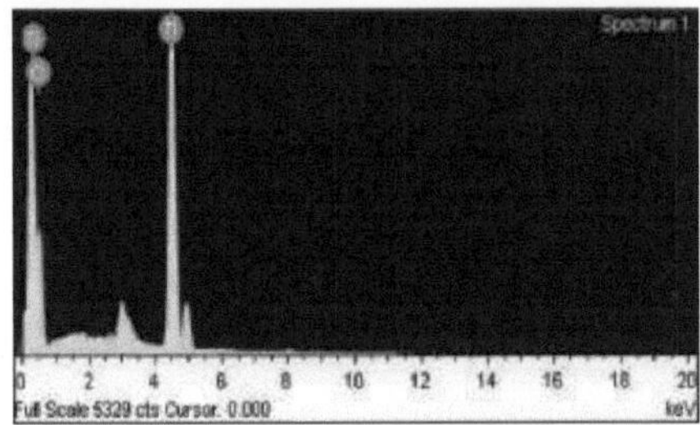

Elemento	Peso %
Ti	44.72
O	55.28

Figura 5.4.1 : Análise de raios X por dispersão de energia de nano partículas de TiO2 puro.

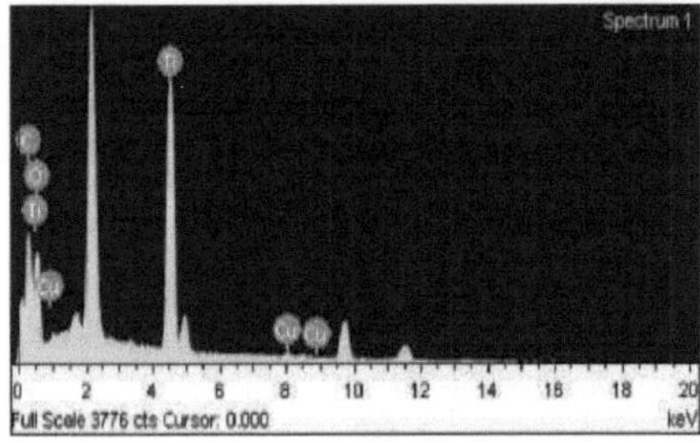

Elemento	Peso %
Ti	35.55
O	47.17
Na	1.64
C	15.64

Figura 5.4.2: Análise de raios X por dispersão de energia de nano partículas de TiO2 revestidas com corante de espinafre.

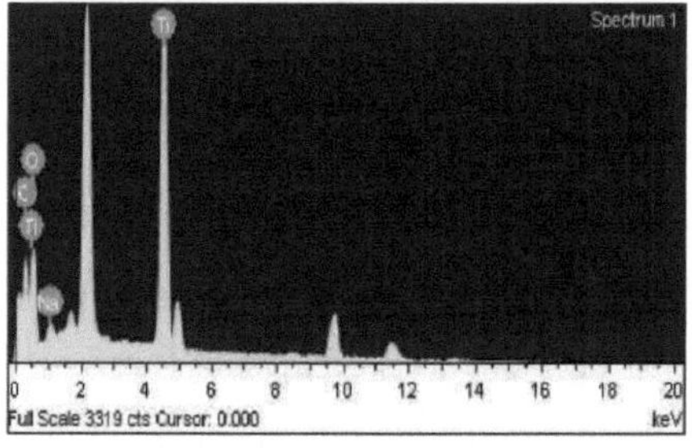

Elemento	Peso %
Ti	30.85
O	47.15
Cu	1.57

Fig 5.4.3: Análise de raios X por dispersão de energia de nano partículas de TiO2 revestidas com corante de flores de ouro.

5.1.2.5 Análise UV

O espetro de UV-visível foi observado para as nanopartículas de TiO2 puro, para as nanopartículas revestidas com corante de espinafre e para as nanopartículas de TiO2 com flor de ouro com um espetrómetro de UV-visível na gama de comprimentos de onda de 200 nm a 900 nm. Os gráficos de Tauc ($(\alpha h\omega)^{1/2}$ vs. energia) são obtidos a partir dos gráficos de absorção vs. comprimento de onda. As nanopartículas de TiO2 puro mostram claramente um bordo de absorção acentuado a ~ 400 nm e o intervalo de banda calculado a partir dos gráficos de Tauc é de 3,2 e V. No entanto, os gráficos de Tauc do corante extraído de espinafres e das nanopartículas revestidas com corante de espinafres mostram um comportamento diferente, que é apresentado na figura 5.5.1.

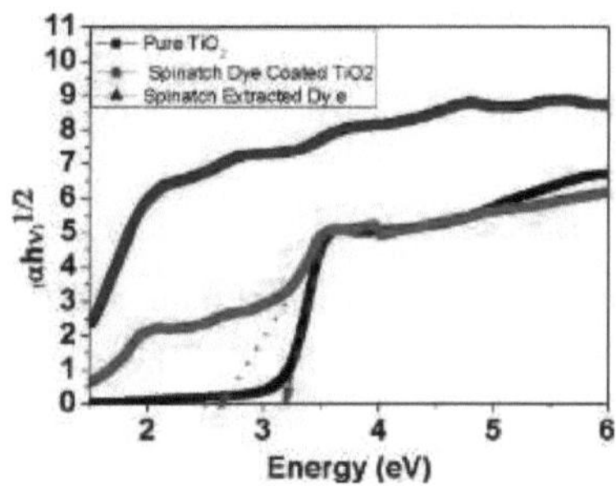

Figura 5.5.1: O gráfico de Tauc para as nano partículas de TiO2 puro, nano partículas revestidas com corante de espinafre e corante de espinafre puro extraído.

Não foi encontrado qualquer bordo de absorção ou intervalo de banda para o corante puro. O bordo de absorção para as nanopartículas revestidas com corante de espinafre é muito fraco e largo. O intervalo de banda calculado para as nanopartículas revestidas com o corante de espinafres é de cerca de 2,6 e V. É claramente evidente que o intervalo de banda diminui com o revestimento do corante orgânico de espinafres nas nanopartículas de TiO2 puro. O que torna as nanopartículas revestidas com corante de espinafre adequadas para aplicações em células solares.

Os gráficos de Tauc das nanopartículas de TiO2 revestidas com corante dourado e com corante dourado foram apresentados na fig. 5.5.2. Para efeitos de comparação, o gráfico de Tauc para as nanopartículas de TiO2 puro também foi apresentado na figura. O corante de ouro casado também não apresenta qualquer borda de absorção em toda a gama de espectros. No entanto, as nanopartículas revestidas com o corante de ouro casado apresentam uma diminuição do intervalo de banda ~1,94 e V. Esta diminuição do intervalo de banda pode dever-se à presença de Cu nas nanopartículas de TiO2 revestidas com o corante de ouro casado. Assim, é também evidente que estas nanopartículas revestidas com corante são bons materiais para a aplicação em células solares.

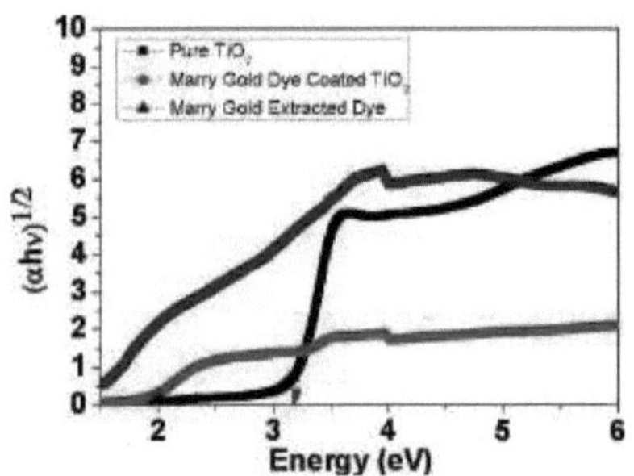

Figura: 5.5.2 O gráfico de Tauc para as nano partículas de TiO2 puro, nano partículas de TiO2 revestidas com corante de ouro casado e corante de ouro casado extraído puro.

5.2 Caracterização de nanopartículas de ZnO sensibilizadas por corantes naturais

Neste capítulo, apresentámos os resultados relativos a nanopartículas de ZnO sensibilizadas por corantes naturais. As partículas nanocristalinas de ZnO foram preparadas pelo método sol-gel. As nanopartículas preparadas foram utilizadas para preparar eléctrodos mesoporosos para células solares sensibilizadas por corantes. A fase anatase do ZnO foi confirmada por difração de raios X. A microscopia eletrónica de transmissão (TEM) foi utilizada para confirmar o tamanho das partículas das nanopartículas de ZnO. O revestimento das nanopartículas de ZnO com corantes naturais extraídos dos espinafres e ouro casado foi efectuado. O microscópio eletrónico de varrimento e o estudo EDX revelam a morfologia e a composição elementar das nanopartículas de ZnO puras e revestidas com corantes naturais. O gráfico de Tauc confirmou a diminuição do intervalo de banda das nanopartículas de ZnO com revestimento de corante natural. Os espectros de dispersão Raman revelam modos de fonões activos para todas as amostras sintetizadas. As nanopartículas revestidas com corante natural são consideradas melhores candidatas para DSSCs.

5.2.1 Introdução

A célula solar é um dispositivo que converte diretamente a energia solar em energia eléctrica. As células solares baseadas em óxidos metálicos nanoestruturados sensibilizados por corantes têm atraído muita atenção como alternativa económica aos dispositivos fotovoltaicos convencionais baseados em silício [157]. As células solares sensibilizadas por corantes (DSSC) à base de TiO2 nanocristalino apresentaram uma elevada eficiência de conversão de energia de cerca de 11% e continuam a ser um dos substitutos mais comuns para dispositivos de conversão de energia solar de baixo custo a alta temperatura [158-159]. O ZnO é outro semicondutor metal-óxido promissor que pode substituir o TiO2 devido à sua maior mobilidade eletrónica em comparação com o TiO2 e ao facto de o seu nível de energia da banda de condução ser semelhante ao do TiO2 [160]. O ZnO é um semicondutor extrínseco do tipo n bem conhecido, com um grande intervalo de banda de 3,37 e V e uma elevada energia de ligação dos excitões de 60 meV. Com o seu intervalo de banda correspondente à luz UV de 365 nm, o ZnO é transparente em todo o espetro visível [161]. Nos últimos dias, o ZnO nanosizado tem atraído muita atenção devido às suas vastas aplicações como material de base para células solares sensibilizadas por corantes, fotocatalisadores e sensores. As estruturas de nano varetas, nano fibras e nano fios de ZnO foram frequentemente utilizadas como fotoanodos no desenvolvimento de DSSCs [162-165].

Nas DSSCs, o corante desempenha um papel de dador de electrões para a camada semicondutora de óxido metálico excitada quando as moléculas do corante são expostas à luz solar. Assim, para melhorar as propriedades químicas e físicas do ZnO, alguns modificadores são aplicados como revestimentos no ZnO puro nanosizado.

Recentemente, os corantes sintéticos e naturais têm sido utilizados como fotossensibilizadores em DSSCs. Os corantes sintéticos são bastante caros em comparação com os corantes naturais. Os corantes naturais extraídos de partes de plantas, como folhas, flores ou frutos, podem ser usados como fotossensibilizadores em DSSCs, uma vez que são muito baratos em comparação com os corantes sintéticos [166-168].

As partículas nanométricas de ZnO foram preparadas por diferentes técnicas. O processo Sol-gel é a técnica mais utilizada para sintetizar nano partículas de ZnO. Este é um meio muito simples de sintetizar as nanopartículas à temperatura ambiente [169-171]. Neste capítulo, as nanopartículas de ZnO serão sintetizadas utilizando a síntese verde (sol-gel) e os corantes extraídos de plantas naturais como os espinafres e o ouro casado serão revestidos nestas nanopartículas. As nanopartículas de ZnO revestidas com corantes naturais serão estudadas quanto às suas propriedades estruturais, microestruturais, composicionais e ópticas.

5.2.2 Resultados e discussões

5.2.2.1 Estudos de difração de raios X

A estrutura cristalina do ZnO foi estudada por análise de difração de raios X (DIFRACÇÃO DE RAIOS X). O padrão de difração do ZnO é apresentado na figura 5.6. O padrão de difração de raios X revela claramente a natureza cristalina da amostra. Todos os picos nas nanopartículas de ZnO estão indexados de acordo com a fase Anatase do ZnO.

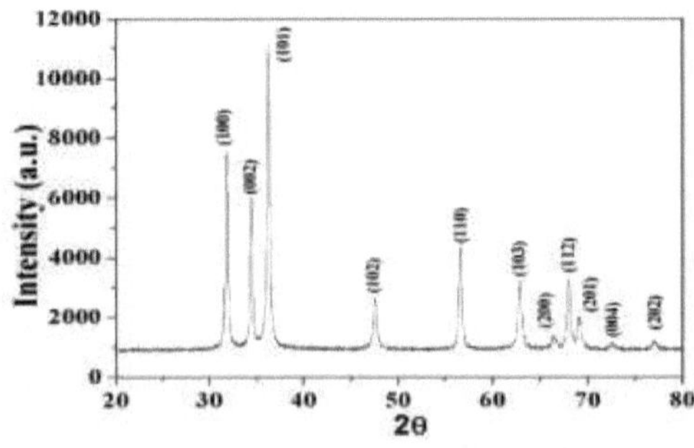

Fig: 5.6 Padrões de difração de raios X para as nano partículas de ZnO puro, utilizando radiações Cu Kα.

Não foi detectada qualquer fase secundária no padrão de difração de raios X. Todos os picos mostram que este resultado é apropriado para a estrutura cristalina hexagonal wurzite ZnO. Este padrão de difração mostrou a compatibilidade com os dados JCPDS no. 36-1451, tal como referido por Shah et al. [171]. Os parâmetros de rede a e c foram encontrados 3,224 A° e 5,112 A° respetivamente.

O tamanho dos cristais do pó de ZnO foi calculado utilizando a equação de Scherer.

$$\tau = K\lambda/\beta \cos\theta \qquad (5.1)$$

Onde τ é o tamanho médio dos domínios ordenados (cristalinos), que pode ser menor ou igual ao tamanho do grão. K é um fator de forma adimensional, com um valor próximo da unidade. O fator de forma tem um valor típico de cerca de 0,9, mas varia com a forma real do cristalito. λ é o comprimento de onda dos raios X. β é o alargamento da linha a metade da intensidade máxima (FWHM), após subtração do alargamento da linha instrumental, em radianos. θ é o ângulo de Bragg. O valor típico do tamanho dos cristais foi calculado para o pó de ZnO a partir do padrão de difração de raios X e é de ~23,729 nm.

5.2.2.2 Propriedades microestruturais

A morfologia das nanopartículas de ZnO foi estudada utilizando o Microscópio Eletrónico de Varrimento (Carl Zeiss, Alemanha). As micrografias foram tiradas espalhando as partículas de pó de ZnO na fita de carbono. As micrografias SEM foram tiradas com várias ampliações e em diferentes locais da amostra para analisar a mesma extensivamente. As figuras 5.7.1, 5.7.2 e 5.7.3 mostram micrografias com diferentes ampliações. A figura 5.7.1 mostra a morfologia das amostras com uma ampliação baixa de ~1000 X. A imagem mostra claramente que a morfologia é a mesma e uniforme. À medida que se aumenta a ampliação, observam-se dois tipos diferentes de morfologia. As figuras 5.7.2 e 5.7.3 mostram ambos os tipos de morfologia.

Fig. 5.7.1: As micrografias SEM para o pó de ZnO puro com uma ampliação de ~1006 X

fig. 5.7.2: micrografias SEM para o pó DE ZNO puro com uma ampliação de ~10000 X

Fig 5.7.3: Micrografias SEM do pó de ZnO puro com uma ampliação de ~150000 X

5.2.2.3 Micrografias TEM

Foi observada a micrografia eletrónica de transmissão (TEM) das partículas de ZnO (Fig. 5.8.1). É claramente evidente a partir da imagem que as partículas uniformes foram formadas por este método de síntese. O tamanho médio das partículas é de ~20 nm. Foi também obtida uma imagem HRTEM da partícula com uma ampliação muito elevada de ~ 500000 X. As franjas são claramente visíveis na figura 5.8.2 (b).

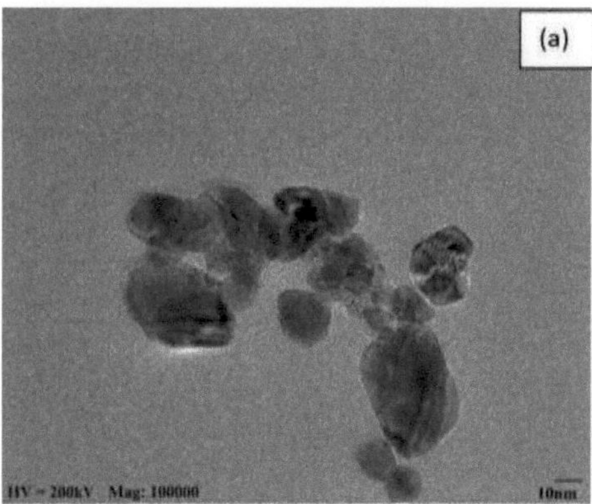

Fig. 5.8.1 (a) Imagem TEM das nano partículas de ZnO. O tamanho médio da partícula é de ~20 nm

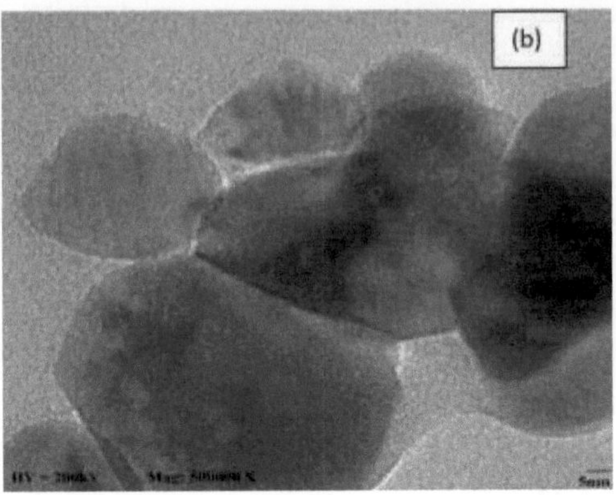

Fig. 5.8.2: (b) Imagem HRTEM de nanopartículas de ZnO que evidencia claramente os planos cristalinos.

5.2.2.4 A análise de raios X por dispersão de energia

A análise de raios X por dispersão de energia das nanopartículas de ZnO puro, das nanopartículas revestidas com corante de espinafre e das nanopartículas de ZnO com flor de ouro casado é apresentada nas figuras 5.9.1(a), 5.9.2(b) e 5.9.3(c), respetivamente. É claramente evidente que as nanopartículas de ZnO puro não possuem qualquer outro elemento exceto Zn e O, enquanto que a presença de Cu e Nb foi encontrada no ZnO revestido com corante de espinafre e revestido com corante de ouro. Assim, a análise EDX indica claramente as composições dos elementos presentes na amostra.

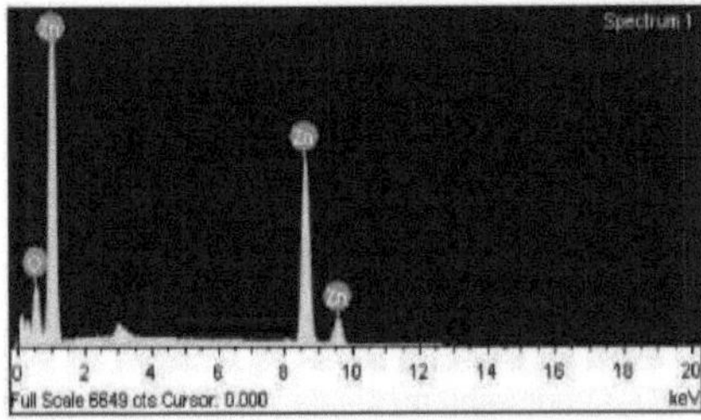

Elemento	Peso %
Zn	86.09
O	13.91

Fig 5.9.1(a): Análise de raios X por dispersão de energia de nano partículas de ZnO puro.

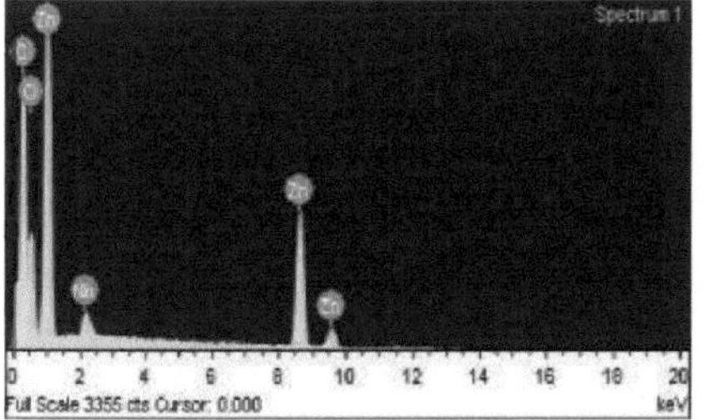

Elemento	Peso %
Zn	26.27
C	51.17
O	21.47
Nb	1.10

Fig. 5..9.2 (b): Análise de raios X por dispersão de energia das nanopartículas de ZnO revestidas com corante de espinafre

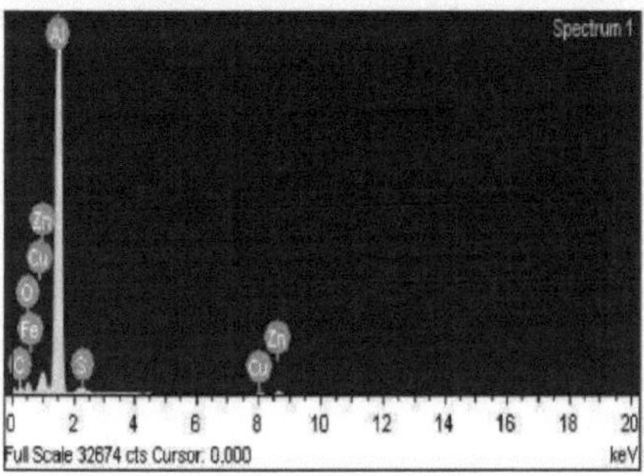

Elemento	Peso %
C	20.03
O	11.00
Al	58.73
S	0.26
Fe	0.35
Cu	3.91
Zn	5.72

Fig. 5.9.3(c): análise de raios X por dispersão de energia de nano partículas de ZnO revestidas com corante de flores de ouro.

5.5.2.5 Análise UV

O espetro de UV-visível foi observado para as nanopartículas de ZnO puro, para as nanopartículas revestidas com corante de espinafre e para as nanopartículas de ZnO com flor de ouro com um espetrómetro de UV-visível na gama de comprimentos de onda de 200 nm a 900 nm. Os gráficos de Tauc ($((\alpha h\omega)^{1/2}$ vs. energia) são obtidos a partir dos gráficos de absorção vs. comprimento de onda. As nanopartículas de ZnO puro mostram claramente um bordo de absorção acentuado a ~ 400 nm e o intervalo de banda calculado a partir dos gráficos de Tauc é de ~3,1 e V. Os gráficos de Tauc das nanopartículas revestidas com corante de espinafre e do ZnO puro mostram um comportamento quase semelhante, como se pode ver na figura 5.10.1(a).

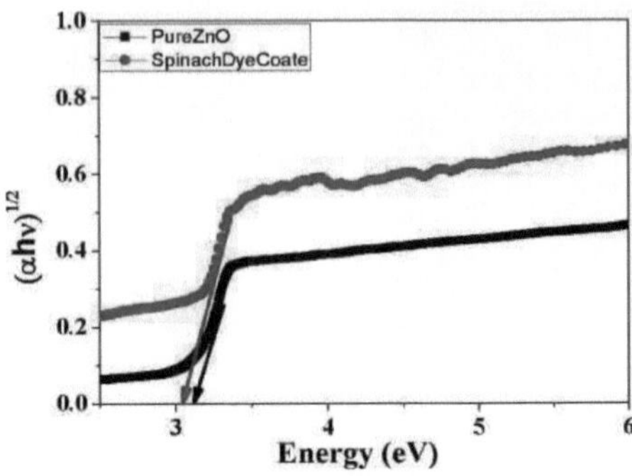

Fig. 5.10.1 (a): O **gráfico de Tauc para as nanopartículas de ZnO puro e para as nanopartículas revestidas com corante de espinafre** Os gráficos de Tauc das nanopartículas revestidas com corante de ouro e das nanopartículas de ZnO puro são apresentados na fig. 5.10.2 (b).

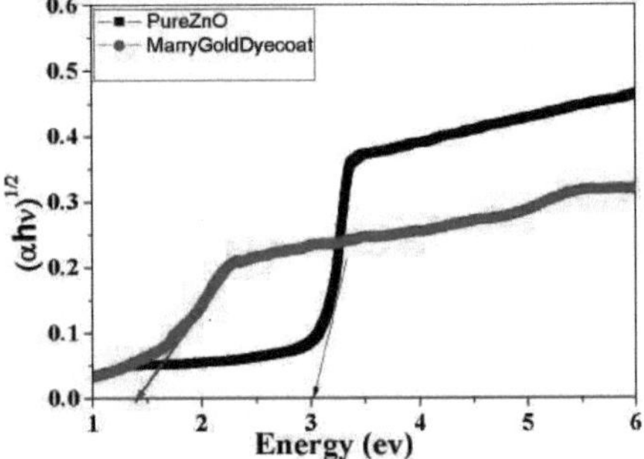

Fig. 5.10.2 (b) O gráfico de Tauc para as nanopartículas de ZnO puro e para as nanopartículas de ZnO revestidas com o corante Marry Gold.

As nano partículas revestidas com corante de calêndula apresentam uma diminuição do intervalo de banda ~1,41 e V. Esta diminuição do intervalo de banda pode dever-se à presença de Cu nas nano partículas de ZnO revestidas com corante de calêndula. Assim, é também evidente que estas nanopartículas revestidas com corante são bons materiais para a aplicação em células solares.

Capítulo VI
Resultados, recomendações e conclusões
6.1 Conclusões
6.1.1 Experiência n.º 1

As nano partículas de TiO_2 puro são sintetizadas utilizando o método Sol gel. As nano partículas de TiO_2 puro têm um tamanho de ~11nm - 20 nm. O padrão de difração de raios X revela claramente a natureza cristalina da amostra. Todos os picos nas nanopartículas de TiO_2 são indexados de acordo com a fase Anatase do TiO_2. O valor típico do tamanho dos cristais foi calculado para o pó de TiO_2 a partir do padrão de difração de raios X e é de ~12nm.

Foi observada a micrografia eletrónica de transmissão das partículas de TiO_2. É claramente evidente a partir da imagem que as partículas uniformes foram formadas por este método de síntese. O tamanho médio das partículas é de ~ 17 nm. A imagem HRTEM da partícula foi obtida com uma ampliação muito elevada ~ 6,00,000 X. As nano partículas de TiO_2 revestidas com corante de espinafres são maiores do que as nano partículas de TiO_2 puro. A morfologia das nano partículas de TiO_2 revestidas com corante de espinafres é uniforme em toda a amostra e as partículas são mais aglomeradas.

As propriedades ópticas das nanopartículas de TiO_2 foram observadas e verificou-se que as nanopartículas de TiO_2 têm um intervalo de banda de 3,2 e V. O corante extraído dos espinafres e da flor de ouro casado foi revestido nas nanopartículas de TiO_2 e as propriedades físicas destas partículas foram registadas. A composição elementar com o revestimento de corante foi alterada e verificou-se a presença de Na e Cu nas nanopartículas de TiO_2 revestidas com corante de espinafres e de ouro casado.

As nanopartículas de TiO_2 puro mostram claramente um bordo de absorção acentuado a ~ 400 nm e o intervalo de banda calculado a partir dos gráficos de Tauc é de 3,2 e V. Os gráficos de Tauc do corante extraído de espinafres e das nanopartículas revestidas com corante de espinafres mostram um comportamento especial. O bordo de absorção das nanopartículas revestidas com o corante de espinafre é muito fraco e largo. O intervalo de banda calculado para as nanopartículas revestidas com o corante de espinafre é de cerca de 2,6 e V. No entanto, as nanopartículas revestidas com o corante de ouro apresentam um intervalo de banda reduzido de ~1,94 e V.

6.1.2 Experiência nº 2

O padrão de difração de raios X revela claramente a natureza cristalina da amostra. Todos os picos nas nanopartículas de ZnO são indexados de acordo com a fase Anatase do ZnO. O valor típico do tamanho dos cristais foi calculado para o pó de ZnO a partir do padrão de difração de raios X e é de ~23,729 nm. As partículas uniformes foram formadas por este método de síntese. O tamanho médio das partículas é de ~20 nm. Foi também obtida uma imagem HRTEM da partícula com uma ampliação muito elevada de ~ 500000 X.

O espetro de UV-visível foi observado para as nanopartículas de ZnO puro, para as nanopartículas revestidas com corante de espinafre e para as nanopartículas de ZnO com flor de ouro com um espetrómetro de UV-visível na gama de comprimentos de onda de 200 nm a 900 nm. Os gráficos de Tauc (($\alpha h\omega$) $_{1/2}$ vs. energia) são obtidos a partir dos gráficos de absorção vs. comprimento de onda. As nanopartículas de ZnO puro mostram claramente um bordo de absorção acentuado a ~ 400 nm e o intervalo de banda calculado a partir dos gráficos de Tauc é de ~3,1 e V. Os gráficos de Tauc das nanopartículas revestidas com corante de espinafre e ZnO puro mostram um comportamento quase semelhante. As nanopartículas revestidas com o corante de calêndula apresentam uma diminuição do intervalo de banda de ~1,41 e V. Esta diminuição do intervalo de banda pode dever-se à presença de Cu nas nanopartículas de ZnO revestidas com o corante de calêndula.

6.2 Recomendações

Recomenda-se que as células solares sensibilizadas por corantes (DSSC) preparadas através desta experiência sejam uma alternativa atractiva às células solares baseadas em Si, uma vez que podem ser baratas, portáteis, termicamente estáveis, leves e flexíveis. As nano partículas de TiO2 puro foram preparadas com sucesso pelo método sol-gel para DSSC. As propriedades ópticas das partículas revestidas com corantes evidenciam claramente a diminuição do intervalo de banda, o que faz com que as nanopartículas de TiO2 revestidas com corantes naturais, tanto de espinafre como de calêndula, sejam materiais adequados para células solares e constituam uma alternativa eficaz para as células solares.

As nanopartículas de ZnO puro são sintetizadas utilizando o método Sol Gel. A DIFRAÇÃO DE RAIOS X confirma a formação da fase pura. O tamanho de partícula das nanopartículas é de ~ 20nm. As propriedades ópticas das nanopartículas de ZnO foram observadas e verificou-se que o intervalo de banda das nanopartículas de ZnO é de ~3,1 eV. O corante extraído dos espinafres e o ouro casado foram revestidos em nanopartículas de ZnO. Verificou-se que, com o revestimento de corante de espinafres, o intervalo de banda é quase igual ao do ZnO puro, ao passo que o revestimento de corante de ouro casado diminui o intervalo de banda de 3,1eV para ~1,41eV. A diminuição do intervalo de banda torna as nanopartículas de ZnO candidatas adequadas para células solares. Assim, é também evidente que estas nanopartículas revestidas com corante são bons materiais para a aplicação em células solares.

6.3 Recomendações para o futuro:

Os temas recomendados para estudos futuros são:

1. Um estudo sobre a montagem de DSSC e a avaliação de vários parâmetros.
2. Estudo de materiais adequados para o ensaio de corantes naturais em vez de corantes químicos
3. Experimentação na montagem de DSSC de filme fino.
4. Cálculo de diferentes parâmetros através da variação da concentração do corante.

6.4 Conclusão

As nanopartículas puras de TiO2 e ZnO são sintetizadas utilizando o método Sol gel com surfactante. A análise por difração de raios X mostra a fase anatase. As nano partículas de TiO2 puro têm um tamanho de ~11nm - 20 nm. As imagens TEM mostram claramente que se formou uma partícula de tamanho uniforme. As micrografias SEM foram tiradas com várias ampliações. As nanopartículas de TiO2 revestidas com corantes extraídos de espinafres e flores de ouro casadas apresentam uma morfologia diferente em comparação com as nanopartículas de TiO2 puro. É claramente evidente que as nanopartículas de TiO2 revestidas com corante de espinafres são maiores do que as nanopartículas de TiO2 puro. A morfologia das nano partículas de TiO2 revestidas com corante de espinafres é uniforme em todas as amostras e as partículas são mais aglomeradas.

As propriedades ópticas das nanopartículas de TiO2 foram observadas e verificou-se que as nanopartículas de TiO2 têm um intervalo de banda de 3,2 e V. O corante extraído dos espinafres e da flor de ouro foi revestido nas nanopartículas de TiO2 e as propriedades físicas destas partículas foram registadas. As composições elementares com o revestimento de corante revelaram a presença de Na e Cu nas nanopartículas de TiO2 revestidas com corante de espinafres e de ouro casado. As propriedades ópticas das partículas revestidas com corante evidenciam claramente a diminuição do intervalo de banda.

As nanopartículas de ZnO puro são sintetizadas utilizando o método Sol Gel. A difração de raios X confirma a formação da fase pura. As imagens SEM e TEM mostram que as partículas são uniformes. O tamanho de partícula das nanopartículas é de ~ 20nm. O corante extraído dos espinafres e o ouro casado foram revestidos em nanopartículas de ZnO. Verificou-se que, com o revestimento de corante de espinafres, o intervalo de banda é quase igual ao do ZnO puro, ao passo que o revestimento de corante de ouro casado diminui o intervalo de banda de 3,1eV para ~1,41eV. A análise EDAX mostra claramente que as nanopartículas de ZnO revestidas com corante contêm elementos de cobre e nióbio (Nb).

Referências

[1] Archer D., The Long Thaw; Princeton University Press, 2009.

[2] Lewis N. S. e D. G. Nocera, , J. Phys. Chem, **103** (2006) 15729.

[3] Bequerel E. e C. R. Acad. Journal of Sci., **9** (1839) 145.

[4] Chapin D. M., C. S. Fuller e G. L. Pearson, J. Appl. Phys., **25** (1954) 676.

[5] Tributsch H., Chem. Rev., J of Chemistry **248** (2004) 1511.

[6] hockley W. S e H. Queisser, J. Appl. Phys., **32** (1961) 510.

[7] hockley W. x, Photogr.Journal of Sci. Eng., **18** (1974) 35.

[8] Moser e J. Monatsh. Journal of Chem, **8** (1887) 373.

[9] Gerischer H. e H. Tributsch, Journal of Phys. Chem., **72** (1968) 437.

[10] M. P. D. Edwards, J. B. Goodenough, A. Hamnet, K. R. Seddon e R. D. Wright, Faraday Discuss. Chem. Soc., **70** (1980) 285.

[11] Tsubomura H., M. Matsumura, Y. Noyamaura e T. Amamyiya, Nature, **261** Jounal of Physics (1976) 402.

[12] B. O. Regan e M. Gratzel, Journal of Nature, **335** (1991) 737.

[13] M. Gratzel, Journal of Nature, **414** (2001) 338.

[14] U. Bach, D. Lupo, P. Comte, J. E. Moser, F. Weissortel, J. Salbeck, H. Spreitzert e M. Gratzel, Journal of Nature, **395** (1998) 544.

[15] A. Hagfeldt e M. Gratzel, Acc. Chem. Res., **33** (2000) 269.

[16] R. D. James e A. H. Saif, Journal of Nature Materials, **2** (2003) 362.

[17] M. Gratzel, J. Photochem. & Photobiol. C: Photochem. Rev., **4** (2003) 145.

[18] S. Rani e R. M. Mehra, J. Renew. And Sustain. Ener., **1** (2009) 033109.

[19] S. Rani, P. Suri e R. M. Mehra, Progress in Photovoltaics: Investigação e Aplicações, **19** (2011) 180.

[20] Green MA, Emery K, Hisikawa Y, Warta W, Tabelas de eficiência de células solares (versão 30). Prog Photovolt Res Appl Prog Photovolt 15:425-430 (2007).

[21] Huynh WU, Dittmer JJ, Alivisatos AP, Journal of Hybrid nanorod-polymer solar cells. Science 295:2425-2427 (2002).

[22] O'Regan B, Gratzel M, A low-cost, high efficiency solar cell based on dye-sensitized colloidal TiO2 films, Journal of Nature 353:737-740 (1991).

[23] Kim Y, Cook S, Tuladhar SM, Choulis SA, Nelson J, Durrant JR, Wang R, Hashimoto K, Fujishima A, Chikuni M, Kojima E, Kitamura A, Yoshida M, Prasad PN, Sol gel processed SiO2/TiO2/poly(vinylpyrrolidone) composite materials for optical wavegiudes. Journal of Chem Mater 8:235-241 (1996).

[24] Xin X, Scheiner M, Ye M, Lin Z, Surface -Treated TiO_2 Nanoparticles for Dye-Sensitized Solar Cells with Remarkably Enhanced Performance, Langmuir 27: 14594-14598 (2001).

[25] Xin X, He M, Han W, Jang J, Lin Z, Angew, Chem., Int.Ed., doi:10.1002/anie.201104786 (2001)

[26] Gratzel M, Journal of Nature 414:338-344 (2001).

[27] Chau JLH, Lin YM, Li AK, Su WF, Chang KS, Hsu SLC, Li TL, Filmes finos de nanocompósitos transparentes de alto índice de refração. Mater Lett 61:2908-2910 (2007).

[28] Duncan WR, Prezdho OV, Theoretical studies of photo induced electron transfer in dye-sensitized TiO2, Annu Rev Phys Chem 58:143-184 (2007).

[29] Zhang J,Wang X, Zheng WT, Kong XG, Sun YJ, Wang X, Jounal of Physics Mater Lett 61:1658 (2007).

[30] Krebs FC, Biancardo M, Solar Energy Mater. Journal of Solar Cells 90:142-165 (2006).

[31] Yan KY, Qiu YC, Chen W, Zhang M, Yang SH, Journal of Energy Environ. Sci. 4:2168-2176 (2011).

[32] Zhang WF, He YL, Zhang MS, Yin Z, Chen Q, J Phys Chem B 110:927 (2000).

[33] Venkatachalam N, Palanicharmy M, Arabindoo B, Murugesan V, Journal of Chem Phys 104: 454 (2007).

[34] Gouadec G, Colomban P, J. of Prog Cryst Growth Char Mater 53:1 (2007).

[35] A. J. Nozik, J. of Physic E, **14** (2002) 115.

[36] P. V. Kamat, J. Phys. Chem. C, **112** (2008) 18737.

[37] R. Rossetti, S. Nakahara e L. E. Brus, J. Chemical Phys., **79** (1986) 1086.

[38] A. I. Ekimov e A. A. Onushchenko, JETP Lett., **34** (1981) 345

[39] P. Ardalan, T. P. Brennan, H. B. R. Lee, J. R. Bakke, I. K. Ding, M. D. McGehee

e S. F. Bent, ACS Nano, **5** (2011) 1495.

[40] Q. Sen, J. Kobayashi, L. J. Diguna e T. Toyoda, J. Appl. Phys., **103** (2008) 084304.

[41] J. Chen, C. Li, G. Eda, Y. Zhang, W. Lei, M. Chhowalla, W. I. Milne e W. Q. Deng, Journal of Chem. Commun., **47** (2011) 6084.

[42] U. R. Genger, M. Grabolle, S. C. Jaricot, R. Nitschke e T. Nann, Nature methods, **5** (2008) 763.

[43] V. I. Klimov, J. Phys. Chem. B, **110** (2006) 16827.

[44] J. B. Sambur, T. Novet e B. A. Parkinson, Journal of Science, **330** (2010) 63.

[45] R. Plass, S. Pelet, J. Krueger e M. Gratzel, J. Phys. Chem. B, **106** (2002) 7578.

[46] J. A. Chang, J. H. Rhee, S. H. Im, Y. H. Lee, H. J. Kim, S. I. Seok, M. K. Nazeeruddin e M. Gratzel, Nano Lett., **10** (2010) 2609.

[47] Q. Shen, J. Kobayashi, L. J. Diguna e T. Toyoda, J. Appl. Phys., **103** (2008) 084304 .

[48] C. L. Clement, R. T. Zaera, M. A. Ryan, A. Katty e G. Hodes, Adv. Mater., **17** (2005) 1512.

[49] K. S. Leschkies, A. G. Jacobs, D. J. Norris e E. S. Aydil, Appl. Phys. Lett., **95** (2009) 193103.

[50] I. Kaiser, K. Ernst, C. H. Fischer, R. Konenkamp, C. Rost, I. Sieber e M. C. L. Steiner, Solar Ener. Mater. and Solar Cells, **67** (2001) 89.

[51] S. Giménez, I. M. Sero, L. Macor, N. Guijarro, T. L. Villarreal, R. Gomez, L. J. Diguna, Q. Shen, T. Toyoda, e J. Bisquert, Journal of Nanotechnology, **20** (2009) 295204.

[52] I. M. Sero, S. Gimenez, F. F. Santiago, R. Gomez, Q. Shen, T. Toyoda e J. Bisquert, Acc. Chem. Res., **42** (2009) 1848.

[53] Q. Shen, T. Sato, M. Hashimoto, C. C. Chen e T. Toyoda, Journal of Thin Solid Films,**499** (2006) 299.

[54] L. Lu, R. Li, K. Fan T. Peng, "Effects of annealing conditions on the photoelectrochemical properties of dye-sensitized solar cells made with ZnO nanoparticles" Solar Energy Journal, pp. 844-853 (2010).

[55] J. Shen, H. Yu, J. Lu, "Light propagation and reflection-refraction event in absorbing media" Chinese Optics Letters, pp. 111-114 (2010).

[56] A. Hepbasli, Z. Alsuhaibani "A key review on present status and future diretions of solar energy studies and applications in Saudi Arabia" Solar Energy Forum, pp. 5021-5050 (2011).

[57] M. A. Rashid, A. Rahim, "Stability analysis of solar cell characteristics above room temperature using indium nitride based quantum dot" American Journal of Applied Sciences, pp. 1345-1350 (2013).

[58] . Nanotechnology for Solar Energy Collection and Conversion, National Nanotechnology Initiative, NSI White paper (2010). Descarregado de: http://www.nano.gov/node/830 (acedido em 19.08.2013).

[59] . A. S. Arico, P. Bruce, B. Scrosati, J. M. Tarascon, e W. van Schalkwijk, Nature Materials 4 (2005) 366.

[60] I. Gur, N. A. Fromer, M. L. Geier, e A. P. Alivisatos, Journal of Science 310 (2005) 462.

[61] . T. P. Huynh, T. T. Hoang, P. H. Nguyen, T. N. Tran, e T. V. Nguyen, 34th IEEE Photovoltaics Specialists Conference (PVSC), 7-12 de junho (2009) 002168.

[62] . S. Michalet, F. F. Pinaud, L. A. Bentolila, J. M. Tsay, S. Doose, J. J. Sundaresan, G. Li, A. M. Wu, S. S. Gambhir, e S. Weiss, Journal of Science 307 (2005) 538.

[63] . L. Manna, D. J. Milliron, A. Meisel, E. C. Scher, e A. P. Alivisatos, Nat. Mater. 2 (2003) 382.

[64] . B. Sun, E. Marx, e N. C. Greeham, Nano Lett. 3 (2003) 961.

[65] . Y. Cui, U. Banin, M. T. Bjork, e A. P. Alivisatos, Nano Lett. 5 (2005) 151.

[66] . W. U. Huynh, J. J. Dittmer, N. Teclemariam, D. J. Milliron, A. P. Alivisatos, e K. W. Barnham, Journal of Phys. Rev. B 67 (2003) 115326.

[67] . E. Arichi, N. S. Sariciftci, e D. Meissner, Journal of Adv. Funct. Mat. 13 (2003) 1.

[68] . W. U. Huynh, J. J. Dittmer, W. C. Libby, G. L. Whiting, e A. P. Alivisatos, Journal of Adv. Funct. Mat. 13 (2003)

[69] . B. O' Regan e M. Gratzel, Journal Nature 353 (1991) 737.

[70] . C. Y. Chen, M. J. Wang, Y. Lee, N. Pootrakulchote, L. Alibabaei, C.-ha Ngoc-le, J. D. Decoppet, J. H. Tsai, C. Gratzel, C. G. Wu, S. M. Zakeeruddin, e M. Gratzel, ACS Nano 3 (2009) 3103.

[71] . P. Y. Chen, C. P. Lee, R. Vittal, e K. C. Ho, J. Power Sources 195 (2010) 3933.

[72] . C. P. Lee, P. Y. Chen, R. Vittal, e K. C. Ho, J. Mater. Chem. 20 (2010) 2356.

[73] . C. P. Lee, L. Y. Lin, P. Y. Chen, R. Vittal, e K. C. Ho, J. Mater. Chem. 20 (2010) 3619.

[74] A. J. Nozik, Journal of Physic, 14 (2002) 115.

[75] P. V. Kamat, J. Phys. Chem. C, 112 (2008) 18737.

[76] R. Rossetti, S. Nakahara e L. E. Brus, J. Chemical Phys., 79 (1986) 1086.

[77] A. I. Ekimov e A. A. Onushchenko, JETP Lett., 34 (1981) 345.

[78] P. Ardalan, T. P. Brennan, H. B. R. Lee, J. R. Bakke, I. K. Ding, M. D. McGehee e S. F. Bent, ACS Nano, 5 (2011) 1495.

[79] Q. Sen, J. Kobayashi, L. J. Diguna e T. Toyoda, J. Appl. Phys., 103 (2008) 084304.

[80] J. Chen, C. Li, G. Eda, Y. Zhang, W. Lei, M. Chhowalla, W. I. Milne e W. Q. Journal of Chem, 47 (2011) 6084.

[81] U. R. Genger, M. Grabolle, S. C. Jaricot, R. Nitschke e T. Nann, Journal of Nature methods, 5 (2008) 763.

[82] V. I. Klimov, J. Phys. Chem. B, 110 (2006) 16827.

[83] J. B. Sambur, T. Novet e B. A. Parkinson, Journal of Science, 330 (2010) 63.

[84] R. Plass, S. Pelet, J. Krueger e M. Gratzel, J. Phys. Chem. B, 106 (2002) 7578.

[85] J. A. Chang, J. H. Rhee, S. H. Im, Y. H. Lee, H. J. Kim, S. I. Seok, M. K. Nazeeruddin e M. Gratzel, Nano Lett., 10 (2010) 2609.

[86] Q. Shen, J. Kobayashi, L. J. Diguna e T. Toyoda, J. Appl. Phys., 103 (2008) 084304 .

[87] C. L. Clement, R. T. Zaera, M. A. Ryan, A. Katty e G. Hodes, Adv. Mater., 17 (2005) 1512.

[88] K. S. Leschkies, A. G. Jacobs, D. J. Norris e E. S. Aydil, Appl. Phys. Lett., 95 (2009) 193103.

[89] I. Kaiser, K. Ernst, C. H. Fischer, R. Konenkamp, C. Rost, I. Sieber e M. C. L. Steiner, Solar Ener. Mater. and Solar Cells, 67 (2001) 89.

[90] S. Giménez, I. M. Sero, L. Macor, N. Guijarro, T. L. Villarreal, R. Gomez, L. J. Diguna, Q. Shen, T. Toyoda, e J. Bisquert, Journal of Nanotechnology, 20 (2009) 295204.

[91] I. M. Sero, S. Gimenez, F. F. Santiago, R. Gomez, Q. Shen, T. Toyoda e J. Bisquert, Acc. Chem. Res., 42 (2009) 1848.

[92] Q. Shen, T. Sato, M. Hashimoto, C. C. Chen e T. Toyoda, Thin Solid Films, 499 (2006) 299.

[93] P. T. Landsberg, Recombination in Semiconductors; Cambridge University Press, 2003.

[94] V. I. Klimov, Ann. Rev. Phys. Chem., 58 (2007) 635.

[95] U. Banin, Y. W. Cao, D. Katz e O. Millo, Journal of Nature, 400 (1999) 542.

[96] J. R. Goldmana e J. A. Prybyla, Phys. Rev. Lett., 72 (1994) 1364.

[97] V. I. Klimov, Ann. Rev. Phys. Chem., 53 (1982) 3813.

[98] R. D. Schaller, M. Sykora, J. M. Pietryga e V. I. Klimov, Nano Lett., 6 (2006) 424.

[99] R. J. Ellingson, M. C. Beard, J. C. Johnson, P. R. Yu, O. I. Micic, A. J. Nozik, A. Shabaev e A. L. Efros, Nano Lett., 5 (2005) 865.

[100] R. D. Schaller, V. M. Agranovich e V. I. Klimov, Nature Phys., 1 (2005) 189.

[101] R. D. Schaller, M. A. Petruska e V. I. Klimov, Appl. Phys. Lett., 87 (2005) 253102.

[102] J. J. H. Pijpers, E. Hendry, M. T. W. Milder, R. Fanciulli, J. Savolainen, J. L. Herek, D. Vanmaekelbergh, S. Ruhman, D. Mocatta, D. Oron, A. Aharoni, U. Banin e M. Bonn, J. Phys. Chem. C, 111 (2007) 4146. [49] R. D. Schaller, J. M. Pietryga e V. I. Klimov, Nano Lett., 7 (2007) 3469.

[103] G. Nair, S. M. Geyer, L. Y. Chang e M. G. Bawendi, Journal of Phys. Rev. B, 78 (2008) 125325.

[104] G. Naira e M. G. Bawendi, Journal of Phys. Rev. B, 76 (2007) 4.

[105] J. J. H. Pijpers, E. Hendry, M. T. W. Milder, R. Fanciulli, J. Savolainen, J. L.

Herek, D. Vanmaekelbergh, S. Ruhman, D. Mocatta, D. Oron, A. Aharoni, U. Banin e M. Bonn, J. Phys. Chem. C, 112 (2008) 4783. [53] M. B. Lulu, D. Mocatta, M. Bonn, U. Banin e S. Ruhman, Nano Lett., 8 (2008) 1207.

[106] J. R. Goldman e J. A. Prybyla, Phys. Rev. Lett., 72 (1994) 1364.

[107] K. Katayama, K. Sugai, Y. Inagaki e T. Sawada, J. Appl. Phys., 91 (2002) 1074.

[108] T. W. Zeng, I. S. Liu, F. C. Hsu, K. T. Huang, H. C. Liao e W. F. Su, Journal of Optics Exp. A, 18 (2010) 357.

[109] G. Niu, L. Wang, R. Gao, B. Ma, H. Dong e Y. Qiu, J. Mat. Journal of Chem, 22 (2012) 16914

[110] Naduvath et al., "Effect of nanograss and annealing temperature on TiO2 nanotubes Based dye sensitized solar cells" Materials Science Forum, pp.771, 103 (2013).

[111] Nair et al., "Performance improvement of dye sensitized solar cell by using recycle material for counter electrode" Applied Mechanics and Materials, pp.446447 (2013).

[112] Zainudin et al., "Comportamento estrutural de nanopartículas de TiO dopadas com Ni_2 e seu desempenho fotovoltaico em células solares sensibilizadas por corantes (DSSC) "Advanced Materials Research, pp .879, 199 (2014).

[113] Yang et al., "Performance improvement of dye-sensitized solar cell by optimizing TiO2-photoanode structure" Advanced Materials Research, pp.906, 55 (2014).

[114] Rajalakshmi et al., "Fabrication and testing of dye-sensitized solar cell" Materials Science Forum, pp.771, 121 (2013).

[115] Chou et al, "Otimização do elétrodo de trabalho TiO2 revestido com ZnO e aplicação numa célula solar sensibilizada por corante" Mecânica Aplicada e Materiais, pp. 481, 117 (2013).

[116] Selvarajan et al., "Development of dye sensitized solar cell using eco-friendly dyes extracted from natural resources" Advanced Materials Research, pp.1086, 68 (2015).

[117] Zou et al., "ZnO thin film prepared by two step electrodeposition method for DSSC" Materials Science Forum, pp.809-810, 665 (2014).

[118] Nair et al., "Performance comparison between dyes on single layered TiO2 dye sensitized solar cell" Advanced Materials Research, pp.1008-1009, 78 (2014).

[119] Nair et al., "Fabrication of organic dye sensitized solar cell" Applied Mechanics and Materials, pp.699, 516 (2014).

[120] Fitra et al., "Performance evaluation of dye sensitized solar cell for varying TiO_2 thicknesses" Applied Mechanics and Materials, pp.699, 540 (2014).

[121] Nair et al., "Electrical generation of dye-sensitized solar cells using sensitizer from rose flower" Advanced Materials Research, pp.1008-1009, 73 (2014).

[122] Suyitno et al., "Effect of natural and synthetic dyes on the performance of dye-sensitized solar cells based on ZnO semiconductor nanorods" Applied Mechanics and Materials, pp. 699, 577 (2014).

[123] Song et al., "Effect of controlling concentration on the pro perties of SnO2 nanocystalline for dye sensitized solar cells" Advanced Materials Research, pp.1058, 149 (2014).

[124] Tying et al., "Sol gel synthesized nanosilica as photoanode material for dye sensitized solar cells (DSSCs) system" Applied Mechanics and Materials, pp.625, 110 (2014).

[125] Rattana et al., "Preparação e propriedades de filmes finos de TiO_2 depositados em diferentes substratos pelo método sol-gel" Advanced Materials Research, pp.979, 355 (2014).

[126] Zhao et al., "Study of natural dye sensitized solar cells with TiO2/ZnO composite thin film as photoanode" Advanced materials research, pp.1058, 248 (2014).

[127] Omair et al., "Effect of organic dye on the photovoltaic performance of dye-sensitized ZnO solar cell" Advances in Nanoparticles, pp.31-35 (2014).

[128] Alex Remegio et al., "Fabrication and characterization of Titanium DioxideBased sensitized solar cell using vinegar" Conferência Internacional sobre Ambiente, Química e Biologia, pp 540-566 V49 (2012).

[129] Okoli et al., "Influence of local dye on the optical band-gap of Titanium Dioxide and its performance as a DSSC Material" Research Journal of Physical Sciences, pp. 2320-4796 (2013).

[130] Tammy P. Chouet, "Enhanced light conversion efficiency of titanium dioxide solar cell with the addition of ITO and FTO Nanoparticles in electrode films" Journal of Nanophotonics, pp. 210-225 (2008).

[131] Kawakami, "Evaluation of TiO2 nanoparticle thin films prepared by electrophoresis deposition" Journal of the Australian Ceramic Society, pp.236 - 243 (2012).

[132] Mubarak A. Khan, Bangladesh, "Sensitization of nanocrystalline TiO2 solar cell using natural dyes" American Academic & Scholarly Research Journal, pp .125147 (2012).

[133] Fahd Al-Junaid, Amar Merazga, "Increasing DSSC efficiency by ZnO spins coating of TiO2 electrode" Energy and Power Engineering, pp. 591-595 (2013).

[134] Huizhi Zhou, Liqiong Wu, "DSSC using 20 naturals dyes as sensitizers" Journal of Photochemistry and Photobiology Chemistry, pp. 188-194 (2011).

[135] Siti Nur Azella Zaine , "Effect of metal doped-TiO2 on the performance of dye solar cells" (DSCs) Applied Mechanics and Materials, pp. 367-388 (2014).

[136] Xiu Fang Wang, "The photovoltaic efficiency of the dye-sensitized solar cells at different annealing temperatures" (A eficiência fotovoltaica das células solares sensibilizadas por corantes a diferentes temperaturas de recozimento) Materials Science Forum, pp. 809-810 (2014).

[137] Vijayalakshmi et al., "Synthesis and characterization of nano TiO2 via different methods" India Archives of Applied Science Research, pp.1183-1190 (2012).

[138] K. Y. Chew, "Synthesis of barium nickel titanium oxide stabilized by citric acid" Nanoscience Research Laboratory, pp. 23-27 (2013).

[139] Kavitha Thangavelu, "Prepration and characterization of nanosized TiO2 powder by sol-gel precipitation route" International Journal of Emerging Technology and Advanced Engineering, pp. 676-689 (2013).

[140] Gnanasangeetha et al., "One pot synthesis of zinc oxide nanoparticles via Chemical and
Green Method" Research Journal of Material Sciences, pp. 1-8, (2013).

[141] S. Venugopal Rao , "Estudos ópticos não lineares de picossegundos de

nanopartículas de ouro sintetizadas utilizando folhas de coentros (Coriandrum sativum)" Jornal de Ótica Moderna, pp.1024-1029, (2011).

[142] Green MA, Emery K, Hisikawa Y, Warta W, Tabelas de eficiência de células solares (versão 30). Prog Photovolt Res Appl Prog Photovolt 15:425-430 (2007).

[143] Huynh WU, Dittmer JJ, Alivisatos AP, Hybrid nanorod-polymer solar cells. Science 295:2425-2427 (2002).

[144] O'Regan B, Gratzel M, A low-cost, high efficiency solar cell based on dye-sensitized colloidal TiO2 films, Nature 353:737-740 (1991).

[145] Kim Y, Cook S, Tuladhar SM, Choulis SA, Nelson J, Durrant JR, Wang R, Hashimoto K, Fujishima A, Chikuni M, Kojima E, Kitamura A, Yoshida M, Prasad PN, materiais compósitos SiO2/TiO2/poly(vinylpyrrolidone) processados por sol gel para ondas ópticas. Chem Mater 8:235-241 (1996).

[146] Xin X, Scheiner M, Ye M, Lin Z, Surface -Treated TiO2 Nanoparticles for Dye-Sensitized Solar Cells with Remarkably Enhanced Performance, Langmuir 27: 14594-14598 (2001).

[147] Xin X, He M, Han W, Jang J, Lin Z, Angew, Chem., Int.Ed., doi:10.1002/anie.201104786 (2001)

[148] Gratzel M, Nature 414:338-344 (2001).

[149] Chau JLH, Lin YM, Li AK, Su WF, Chang KS, Hsu SLC, Li TL, Filmes finos de nanocompósitos transparentes de alto índice de refração. Mater Lett 61:2908-2910 (2007).

[150] Duncan WR, Prezdho OV, Theoretical studies of photo induced electron transfer in dye-sensitized TiO2, Annu Rev Phys Chem 58:143-184 (2007).

[151] Zhang J,Wang X, Zheng WT, Kong XG, Sun YJ, Wang X, Mater Lett 61:1658 (2007).

[152] Krebs FC, Biancardo M, Solar Energy Mater. Solar Cells 90:142-165 (2006).

[153] Yan KY, Qiu YC, Chen W, Zhang M, Yang SH, Energy Environ. Sci. 4:21682176 (2011).

[154] Zhang WF, He YL, Zhang MS, Yin Z, Chen Q, J Phys Chem B 110:927 (2000).

[155] Venkatachalam N, Palanicharmy M, Arabindoo B, Murugesan V, Mater Chem

Phys 104: 454 (2007).

[156] Gouadec G, Colomban P, Prog Cryst Growth Char Mater 53:1 (2007).

[157] Green MA, Emery K, Hisikawa Y, Warta W, Tabelas de eficiência de células solares (versão 30). Prog Photovolt Res Appl Prog Photovolt 15:425-430 (2007).

[158] B. O'Regan, M. Gra" tzel, Nature 353 (1991) 737.

[159] M. Gra" tzel, Prog. Photovolt. Res. Appl. 8 (2000) 171.

[160] (a) C. Bauer, G. Boschloo, E. Mukhtar e A. Hagfeldt, J. Phys. Chem. B, 2001, 105, 5585; (b) R. Katoh, A. Furube, T. Yoshihara, K. Hara, G. Fujihashi, S. Takako, S. Murata, H. Arakawa e M. Tachiya, J. Phys. Chem. B(2004)108, 4818.

[161] D. Raoufi, T. Raoufi, Appl. Surf. Sci. **255**, 5812 (2009).

[162] S-F. Lee, Y-P. Chang, L-Y. Lee, J-F. Hsu, J. Eng. Technol. Educ. **5** No 4, 545 (2008).

[163] R. Gao, Z. Liang, J. Tian, Q. Zhang, L. Wang, G. Cao, RSC Adv. **3**, 18537 (2013).

[164] H. Zhitao, L. Sisi, L. Junjun, C. Jinkui, C. Yong, J. Semicond. **34** No 7, 074002 (2013).

[165] I-D. Kim, J-M. Hong, B.H. Lee, D.Y. Kim, E-K. Jeon, DK. Choi, D-J. Yang, Appl. Phys. Lett. **91**, 163109 (2007).

[166] P. Murugakoothan, S. Ananth, P. Vivek, T. Arumanayagam, J. Nano-Electron. Phys. **6** No 1, 01003 (2014).

[167] S. Ananth, P. Vivek, T. Arumanayagam, P. Murugakoothan, Spectrochim. Ata A **128**, 420 (2014).

[168] M.R. Narayan, Renew. Sust. Energ. Rev. **16**, 208 (2012).

[169] K. Keis, E. Magnusson, H. Lindstrom, S.E. Lindqist, Sol. Energ. Mater. Sol. Cell.
73 (2002) 51.

[170] Z. Liu, Z. Jin, W. Li, J. Qiu, Mater. Lett. 59 (2005) 3620.

[171] M.A. Shah, F.M. Al-Marzouki, *Mater. Sci. Appl.* **1**, 77 (2010).

Printed by Books on Demand GmbH, Norderstedt / Germany